募資難

香港青年創業家的

第 一 個 盲 點

總幹事序

突破盲點創新機

疫情反覆，環球經濟環境儘管充滿挑戰，但對於滿懷熱誠的創業青年，仍無阻他們努力拼搏，為其產品或業務持續進行創新研發，籌募資源並發掘更大商機。

在國家《十四五規劃》的布局和政策下，香港的初創發展及創新科技迎來龐大機遇。粵港澳大灣區內各地政府也透過不同優惠政策，致力培育兩地創業青年，保持競爭優勢。

本會長期致力培養有志創業的青年，鼓勵他們裝備自己，保持開放態度，融入國家發展大局。我們很高興能夠邀請陳錦強博士合作，將其個人多年於內地作為投資人的經驗，與本港創業青年分享心得和豐富的募資資訊。

《募資難？香港青年創業家的第一個盲點》一書，不僅以陳博士個人經歷及故事形式演繹，有關投資者對匯報業務的要求和期望，亦以深入淺出的手法，指出當中技巧及策略，以期募資青年能掌握竅門，成功獲得資金。

我們衷心感謝陳博士對創業青年的支持和協助，提供實用資訊和意見，讓他們在業務發展上作更好準備。我們誠摯向大家推介此書，並盼望本書有助在創業路上的青年讀者得到參考錦囊，業務可以更上層樓。

何永昌先生
香港青年協會總幹事
二零二二年七月

推薦語

香港青年協會社會創新及青年創業部一直支持本港青年創業，並為他們提供各式支援及培訓項目，協助他們實踐理想。綜合過去服務經驗，深明募集資金是不少創業青年的重大關注之一。

《募資難？香港青年創業家的第一個盲點》的作者陳錦強博士，是我認識數十載的中學同學。得知他從事投資工作的經驗豐富，因此早前主動邀請他整合多年心得，包括其目睹過千「路演」案例，以及募資過程中的觀察分析，編寫成書。書中他更特別指出創業青年所需的「募資」和「做人」能力，以至兩者的直接相通關係。

陳博士的寫作手法創新，兼備專業技術介紹及創作小說人物的交錯，令讀者容易留下深刻記憶。陳博士在書中經常強調打動人心的是『故事』，所以也刻意鋪排一個平衡時空故事 -- Money Cafe 來打動讀者，啟發大家思考、尋找及領悟。

本書並不是教科書式硬說一大堆公式計算，令讀者如墮煙海，毫無頭緒，不知所措。反之，陳博士向青年創業家洪爐點雪地指出募資過程中許多盲點。我衷心感謝陳博士邀請本人在此分享片語，並相信香港創業青年和讀者定可以從中獲益良多。

鄧良順
香港青年協會業務總監

序言

眾所周知,兩點最短的距離是一條直線。香港青年創業家可能認為和投資者介紹項目募集資金,就是畫出一條直線聯結兩點一般直接容易。雙方面談結束後,投資者便會投資,如果沒有投資決定,便懷疑企業吸引力不夠,或者懷疑自己的創業路。這是一個非常普遍的謬誤。此書的目的並不是教香港的青年創業家去依葫蘆畫瓢,或者給青年創業家一條百合鎖匙,省時省力,投資人便即馬上出資。 其實,「募資」本身不是一條「是非題」,投資者不必作一個二選一的標準答案,或利用方程式等去計算,就會一蹴而就。

我深受北宋「橫渠先生」的思想影響,他把人要怎去立志做「人」(他指仕大夫精神,現今來說我是指培養人材)的真正元素,透過四句話徹徹底底的表達出來了。 我覺得這四句話放諸四海而皆準。你的企業賺取了利潤是一個結果,是因為你解決了種種大大小小市場及客戶的問題後的結果(請參考 Steve Jobs 青年時的訪問),但不應該是企業家唯一盲目追求的目標,或者是用一切手段想得到的目標。

我嘗試把「橫渠四句」放在有心志、有眼光的香港青年創業家身上,我便容易刻劃出成功創業家的形象。我把香港創業家的「困難」放在「橫渠先生」精神顯微鏡下,便能找到及看得一清二楚其「盲點」之所在及成因,並借助我在中國內地及海外相關的工作經驗,試圖從中找出募資難的解決方案。請視此書為「創業家的軟件」,軟件不可能獨自運行,請利用此軟件去驅動創業家自身所有硬件,包括所有知識和技能,互聯互通配合,相輔相成。

香港的青年創業家已為創業絞盡腦汁,創業路上任重道遠,毅力、智慧缺一不可。如果能夠再配上「自強不息,厚德載物」做人辦事的態度品格,定可「掃盲」成功,水到渠成,在創業路上必然慎始敬終,行穩致遠。書中提到的香港青年創業家的「盲點」論述,皆出自我從事投資工作上的經歷,加上工作上跌跌碰碰,和中外團隊磨合多年,從失敗中學習,從困難中領悟出的道理。藉此和大家分享心得,和香港青年創業家共勉。

我喜歡用「大叔」式自我介紹

吾生兩袖清風，拍手無塵。年過而立，實為三無階級；無錢無權無貌。唯良心尚存，稍感欣慰。幼承庭訓，並受優良教育，懸樑刺股，寧靜致遠，學曉眼光闊大；並深受各先輩前賢教誨，受益匪淺。我雖生性愚鈍，但仍孜孜不倦，尚且能知書識禮。過去經年，事業雖載浮載沉，但驛馬星勢強，順勢而行於中國內地及海外；廣結善緣，豁然開朗，眾覽群山，茅塞頓開。

近日得同窗友人香港青年協會業務總監鄧良順先生邀請，欲以著書分享工作經驗為香港青年服務。我既得天時地利之便，固當欣然接受。得此良機，惶惶恐恐，實在是榮幸而有餘，感激之不盡也。弟定必鞠躬盡瘁，使命必達；報效香港，略盡棉力。自埋首書寫作以來十日有幾，終不負所托，大功告成，如釋重負。或有紕漏，懇請指正。

敢藉此書緬懷前輩宗親曾為香港付出汗水辛勤，默默耕耘，聊表謝意。再藉此書，反哺父母養育之恩；含辛茹苦之勞；循循善誘之義，兩老寸草之情切切於心。

辛丑年夏中國深圳

致謝

默默在背後支持我一切的太太 L.AY

深圳市潤土投資管理有限公司董事長劉
慧敏小姐及各合伙人，感謝他們對我不
斷支持和鼓勵、包容及建議，協助我更
能精準掌握中國國情，融會貫通專業知
識，一同為更好的明天努力。

前言

談判桌上另一邊的你

談判桌上一邊是投資方，另一邊是項目方，雙方在研究投資相關的細則，比如估值作價、股權比例、其他附加增值服務、退出機制和進度里程碑等等。項目方提供一個賺錢的機會給投資方，而投資方給予項目方一些資源及資金，如果雙方都滿意，這才是投資工作的開始。整個投資過程極之需要溝通及了解，相互徹底表達心中要求，不只是一個買賣的行為。最後在合理情況下，當然是投資方賺取可觀投資回報，項目方繼續經營項目。但世界上好的項目多如恆河沙數，資金是有限的、時間是有限的，那麼除了基本的投資要求外，那還需要甚麼條件項目才能獲得投資方的垂青？

大家心裡有沒有想一想，投資究竟是甚麼？從最學術的層面中理解，投資是一個工具，目的就是要賺取一個回報。即是說：用錢去賺錢。這個解釋十分容易理解，但實行起來就會有點困難，難處不在計算，難就難在機會只得一次。即是說我用 100 元投資了一個項目，實際上我付出的往往都超過 100 元這個價值，一般都會包括投資前研究項目發展的潛力花費的時間值、投資後管理的服務或是附加價增值的服務。投資方將資金時間等等一切押在這個項目，希望項目成功，退出時賺取更高回報（比如項目退出時我們收回 250 元，投資期為 3 年，年化收益率為約 IRR（內部回報率）35%）。所以，如果這個 100 元投資的項目未能幫我賺取合理回報（不似銀行預設回報率，香港現時大概為 1%，我個人是希望可以超越行業上平均年化收益率數值 IRR）。

投資人需要項目賺錢（投資回報），或者有更高的要求就是有社會責任地去賺錢（我公司已加入聯合國核下的 PRI 組織（Principles for Responsible Investment，責任投資原則組織），鼓勵更有社會責任的去做投資決定）。投資人不是慈善家，不會因為同情某個創業者的個人遭遇，就會掏腰包支持。投資人如果想幫助別人，他們一般都會把錢捐出給慈善機構。他們絕對不會透過投資手上項目達到慈善工作的目的。我常常用一個比喻去解

釋專業投資人是甚麼，就似是在玩德州撲克一樣，任何人手上有一手好牌（碰到一個接近完美的項目），不理是誰人去玩都會贏一把（不論投資條款是甚麼，最後退出時都會賺取投資回報的）。專業的玩家就會把應該贏的利用不同的策略去贏多一點，應該會輸錢的便借助不同的資源，運用一切策略減少損失輸少一點。他們絕對不會因為對手玩家輸了一個晚上便把籌碼亂下，故意輸掉一局讓對家有一個愉快的晚上（只會在電影橋段上出現）。整晚結束後，手上的籌碼點算後增長了一點，即是等於投資項目達到了資金增值的目的。這就是專業投資人的工作心態。

過往在工作的時日裡，有時閑來無聊便去想一下談判桌上的另一邊，想想對家（項目方）究竟需要甚麼條件才會贏得投資人的垂青，脫穎而出鶴立雞群就是靠過去亮麗的業績嗎？企業又如何得到客戶的垂青？如果想企業要成功突圍，創業家就是盡全力營運不眠不休就是一切？我相信受到客戶歡迎的企業在營運上一定有獨特的策略，而制定這個策略也就是青年創業家的另一個盲點（希望在日後再分享這個盲點的處理方法）。在思考的過程中，我又會想到作為一個歌手、演員需要擁有甚麼特質才會得到觀眾愛戴。一個歌手把五音唱得完美，歌詞一句不忘，形象討好，這樣就會自然受到愛戴嗎？一個演員，把劇本讀得滾瓜爛熟，記憶力驚人，形象百變並可以把導演的要求發揮得淋漓盡致，這就會是一個受歡迎的演員嗎？如果把這個思考問題放在一個項目公司的創業者身上，他把公司的產品研發生產做到最好用、最便宜，公司的財務報表做得完美，把個人全部時間精神心思都押在公司上，這家公司就會成功嗎？不成功的公司就是做得不足夠嗎？創業家在募集資金時，該說的都說了並且可能說得天花亂墜，這樣他就會找到資金？或者把募集資金的需求金額調低，投資人就會因為金額大小而胡亂投資嗎？

無論作為一個創業家、歌手或演員等，把自己的份內工作做好、做得專業，全心全意押在工作上，每時每刻都努力不懈，這只是基本的要求，連這個都做不好，怎可能會成功或者受到群眾愛戴？再舉一個例子，就似是一間酒樓的老闆，把酒樓內部裝飾得舒服愜意，菜品風格創新，價格合理，員工服務水準保持專業，食物質素乾淨衛生等等做好，這家酒樓自然會大受歡迎嗎？我覺得還未足夠。他們把基本的做好，我統稱這些為「營運條件」（operational efficiency）而已，建立好了這些良好的營運條件，不論你是食肆酒樓、歌手演員或創業者等等，只是仍能在市場中繼續運作，努力求存，因為你的競爭者也同樣能夠做好一切其他營運條件，他們也能做到不同的獨特之處，但這並不意味著你一定比他們大受歡迎。

在我工作的日常中，大概每天碰到這樣有良好營運條件能力的項目大概佔日常 40%（這些項目類別為第一類），他們既有天時地利人和的條件，但未來市場潛力仍是未知之數。這些公司在我眼中並不會是特別突出，或者特別有潛力的公司，雖然這些企業在某一方面的營運條件比較齊全，但如果公司負責人稍有不慎，或者犯一個重大錯誤，公司便會遇到莫大的困難、挫折或者挑戰。這些公司的成長周期可能比較長，或者不太適合我的投資機構投資（因為投資公司基金期年期有限，一般需要在三至五年便要退出）。

而第二類項目是目前看來很好的項目，佔比約 50%，我直覺覺得他們會在一兩年間因市場轉變而被淘汰，因為他們擁有的營運條件不足以應付未來的市場大環境可能會出現的轉變，例如新科技、競爭力下跌、成本上升、政治因素等，一般的說法是營運不善而不能繼續下去，我稱這些項目為「貧窮的陷阱」（此詞出自《Poor Economics: A Radical Rethinking of the Way to Fight Global Poverty》一書），簡單來說，即某種企業是毛利率很高，但總體規模是不能增長。比如你想開一間自家品牌服裝零售店，毛利 100%，在人潮流量高的地方開一間小店以小本營運可能已經是一個不切實際的想法了。又比如一間自家品牌咖啡室，毛利率 90%，小本經營，老闆不斷提高咖啡品質，這就一定代表會你受歡迎嗎？我覺得是不會的。

這些企業往往面對是未來一些不確定的因素，譬如供應鏈上游的轉變、租金的轉變、客人的口味轉變或者是同類競爭者的出現等等。舉一個形象化的例子，比如你店內有 100 件商品準備作為零售，每件毛利都是約 100%，你今天把 100 樣商品都賣完，店內空空如也，如果你的供應商暫停給你供應商品，你明天沒有商品可賣，你的公司便面臨倒閉的危機了。

最後，第三類項目（亦即剩下來的 10%）值得我們花時間關注一下，因為投資人相信這些項目可能填補一個市場空間，比如電動車、電子消費平台、自動駕駛系統、人工智能應用等等，能改變消費者的行為和要求，但是仍不能令投資人決定是否投資，因為還有很多未決定的因素存在。

我把我碰到的投資項目分為上面的三類，但不是把創業家分為這三類。上面第一及二類的項目亦有投資公司感興趣，他們看到的是甚麼呢？這最後的 10% 究竟是甚麼一回事？除了擁有基本的良好營運條件外，究竟他們還擁有甚麼條件因素令投資人仰慕？同樣，他們都會面對未來市場、大環境的轉變，但為甚麼他們就是不一樣呢？我總結過去 10 多年的工作經驗中碰到的項目方，我覺得這 10% 的創業家不僅能看到市場中的一個空間，他們往往還有一股吸引人的力量（不能否認如果是俊男美女創業者，按專家的研究分析，他們比較容易贏取信心），這個力量不只是外在的吸引力，而是這些創業家可以有系統及有高效的說服力去演示他的故事，還可以帶領著投資者相信這個故事潛力無限。

這股力量你會感覺到是正能量，是一個充滿熱誠人眼中的一個眼神，一個賺取你拍手掌的一句說話，是一個夢想裡毅力的堅持，是一個對未來充滿美好憧憬的笑容，一個大同世界的想法……因為這些就是投資人願意和你共享，願意支持你實踐的目標，和你一齊追尋的是價值觀，是一個願景，並不是豐厚的利潤前景（企業擁有絕對優勢的營運條件下，配合獨特的策

略及管理技巧，企業盈利便可以達到預期）。所以談判桌上另一邊的創業家的特質才是關鍵，正如《中庸》第 23 章所說：「……誠則形，……唯天下至誠為能化」（我不在這裡詳細解說《中庸》第 23 章的內容，讀者自己好好研究領會一下），被創業者發自內心的至誠願景所感動的人，其中包括企業員工、顧客及投資者，他們的行為或者心態也因此會有所改變。

這類創業家最能形象化的代表包括馬雲和 Steve Jobs 等等，因為投資人知道，豐厚的利潤皆是取決於企業解決每日大大小小不同問題的能力，反而創業家的願景就是企業的定海神針，一切的根本基礎（淘寶的願景是生產商和用家直接聯繫，蘋果電腦的願景是要與別人不同），召集同路人凝聚力量，促使企業一往前行。即是說利潤不是不惜一切追求的目標，而是一個結果而已，換一個角度說，談判桌上這邊投資人追逐的是一個坐在談判桌上另一邊的「誠則形」的創業家。

我眼見許多香港青年創業家都擁有一股正能量，但這股正能量往往潛藏在企業家內心深處。他們不知道怎樣發揮這個正能量，並且把它變為可見、可感受到的陳述或者是一個思想系統，尚未達到「誠則形」中的「形」的境況，所以未能打動投資者獲得資金。香港青年企業家就是年青，他們的創業路上往往容易給一些盲點所遮蔽，以致未能看清全局。我見到香港青年創業家身上普遍存有三個盲點：募資難、定策略難、管理難。我相信創業路一定是崎嶇不平而且十分漫長，被迫中途放棄的創業家多如恆河沙數。但這些困難不能阻止真正充滿熱誠及具正能量的香港青年創業家繼續前行，我希望此書能夠幫助他們在創業路上看得清、看得遠和看得全面。掌握好了第一步（談判桌上另一邊坐著的你清楚了解募資難的盲點），我們日後再繼續分享餘下的兩個盲點，掌握創業路上碰到困難必備的分析及處理技巧，再加上創業路上的歷練，最後達致「誠則形」這個地步。

016-019	‣ 平衡時空的元宇宙裡
020-029	**第一章 /** 香港人的「山不轉路轉，路不轉人轉」打拼精神
030-033	‣ 平衡時空的第 1n22 天
034-043	**第二章 /** 彎道超車——青年創業家你準備好了嗎？
044-047	‣ 平衡時空第 68n 天
048-063	**第三章 /** 募資難？——盲點 1.1 青年創業家你要甚麼？
064-067	‣ 平衡時空的第 1n41 天
068-083	**第四章 /** 募資難？——盲點 1.2 投資人你聽懂了嗎？
084-093	**第五章 /** 募資難？——盲點 1.3 投資人你看懂了嗎？
094-100	**第六章 /** 募資難？——盲點 1.4 投資者 PPT，你真的懂用嗎？
101-103	**第七章 /** 給香港創業家的寄語：自強不息，厚德載物
104-108	‣ 平衡時空某年第 2n35 天
109-110	後記
111	參考資料
112-113	香港青年協會簡介
114-115	香港青年協會賽馬會社會創新中心簡介

在七零年代初的香港，不論是家庭聚會、工作午餐、晚上應酬，很多企業家都會去酒樓聯繫。我小時候亦在外公的食肆中度過了不少歲月。香港人在酒樓食肆裡面發展出各式各樣不同的故事，觸碰不同的層面，構建不同的生活體驗。從日常生活、結婚擺酒、談生意，又或是在電影上黑社會「講數」的橋段，都是在酒樓發生的。酒樓內見面是香港人的核心活動，天晴天陰，刮起颱風，都改變不了香港人這個習慣。

然而，時至今日，當下的香港年青企業家已經不再去酒樓食肆聚集了，他們愛上泡文青咖啡室，在那裡打開電腦工作、在平台和世界聯繫，也有打遊戲的、看影片的、做直播 KOL、在開會工作的。一邊忙著，一邊手捧著咖啡，雖然場景不一樣，但是香港人總會讓人覺得辛勤、振奮，城市間充滿活力。

Money Café 是存在於我的平衡時空中的一個咖啡室。這間咖啡店的營運宗旨是提供寧靜舒適的空間，讓人自行思考，從不批判他人。Money Café 內有兩類客人，有手中持著紅色杯的，是一些創業家、科學家等，他們都想找投資人；另一種是持著綠色杯的，他們是投資方，手裡有資金可用，目的就是為了賺錢。這兩種人都穿插在 Money Café 內。客群中，有投資銀行家和股票炒家，也有一些香港的年輕創業家，他們正在煩惱著各項大大小小的問題；對話除了「錢」以外，內容都乏善足陳：有自誇的、有自大的、有自以為是的，也有矮化自己的，也有無語問蒼天的。

我是一位普通的客人，逢周一早上 8 點到 10 點坐在那邊喝著咖啡，耳朵打開，聽聽世界的聲音。雖然我是 Money Café 的老闆，但運作都交給了一支小團隊。店長 Spenser，是七零年代初已經遊走中國大陸多個省市的營業代表，熟悉國內醫療企業的銷售情況。他是典型的香港大叔，忠厚穩重，永遠講究衣服顏色的搭配，而且深信身為店長一定要打領呔上班，代表尊重公司及客人。麵包師阿天，是一位經驗老到的會計師，一切和營

收有關的細節都逃不出他的法眼，熱愛音樂和上帝。他每天把自己弄得乾淨整齊，頭髮梳理得接近完美，永遠袖衫配西褲上班，一眼看就知道他是位虔誠得教徒。女咖啡師春春，30 出頭，是位不吃人間煙火的美女，在上海美術設計學院一級榮譽畢業，個性灑脫。她身上的銀飾物件多如天上繁星，右邊耳有耳釘六粒、雙手戴上超過 50 件銀手鐲、手鏈，件件閃閃發亮。另一位服務員 Herbert，頭腦精密，自學考獲 CFA（特許金融分析師）資格。他一天不會講多過 30 句說話，每天穿著白棉衣配牛仔褲回店，藉口是為了省去換工作服的時間——其實只有我知道真正的原因。他只喜歡默默工作和深深愛著一位女生 Zara，Herbert 不是宅男，只是經歷過一番離離合合，人生高低。

Money café 堂坐只有兩位，但能容納客人過百。客人每天娓娓道出故事。Money café 的運作和香港銀行一樣，有存的，也有取的；存的是故事，取的是人生的領悟，但我們不接受金錢貨幣交易，還會在周末雙休。

一切事物皆有周期，皆有其限定時間，歷久常新的不可能是事物，是看待事物的心態及靈活性。

第1章 ／ 香港人的「山不轉路轉，路不轉人轉」打拼精神

香港「大叔」

是我

我是香港土生土長的六十後，在香港接受教育及成長、奮鬥和學習，在香港建立了自己的家庭和事業。我們這代「人叔」亦一同見證香港和內地的經濟起飛，兩地工業轉型升級下的各種挑戰及機遇，並親身感受到在各種風雨下成長的香港。我統稱我們這代出生的現為香港「大叔」。「大叔」是男，女的是「大姐」，就是指在上下兩代之間的「金童玉女」，我們這幫「金童玉女」當中，有愛權力的、有愛金錢的、有愛工作的，但絕大部分更是愛香港、愛父母、愛青年的。我們知道下一代青年的長處和短處，知道應如何協助，但沒有上了年紀的老人般的守舊思想，處處輕易責難青年的不善。我們仍在拼搏中，我們有的是寶貴的經驗，也樂於和青年分享。從我們的成長中，見到香港不同的轉變，這種轉變皆源於香港人的一些價值觀，我相信這些價值觀可以讓下一代繼續承傳下去，而且會變得更好。

時至今日，我可以說我是典型的一位「香港大叔」，完全符合林海峰先生一首歌曲「UNCLE」中主角的身分定義。當我還在香港工作時，一直想去創業，但是天時地利人和未到來，時機尚未成熟。在大概 10 年前感覺事業前途已經到了一個「樽頸位」，當時剛好有個機會離開香港的崗位（時任一家香港上市企業的總經理）轉至長駐中國從事投資相關工作，我便毅然下定決心，接受新的工作挑戰，隻身走到江蘇省一所中外合資的投資公司上班（新工作的月薪減了 80%，僱主提供食宿，能實報實銷交通費）。這個重要決定全基於一本書的啟示（有關於中國經濟未來 50 年的發展，中

國將會是帶動世界經濟增長的火車頭）。新工作期間開始感受到海外、內地和香港文化上的不同，深感溝通上的困難。一波三折，峰迴路轉，磨磨合合，跌跌撞撞走了幾年，培養了我的頓悟——需要多靜心了解、沉思、再反省的溝通心態，並且見到自己智商上和情商上的不足。五年前終於能安頓下來，我現在和幾位合伙人合辦一間在深圳從事專業投資的私募基金管理小型公司，從事股權投資及風險投資工作。從創業至今，公司業績尚能叫做穩定下來。

「私募」的意思是指我們只能向合乎中國法規規定的高淨值客戶募集資金，我們通常稱這些客戶叫「金主」。簡單來說是屬於風險投資或者股權投資性質，即是找不同的金主出資成立基金，主要分類有專項基金和綜合基金兩大陣營。募集資金後，看準未來有發展潛力的中國企業（我公司只專注在「工業4.0」相關技術的投資，簡單來說即是以智慧製造為主導的第四次工業革命），投放金額相對大額度的資本（起標是大約2千萬元人民幣），再發揮投後管理的能力，即是把所需的市場資源和政府政策，以及一切企業發展所需的都投放在項目公司上，幫助這些企業成長。在適當的時候，我們便會退出，把手上持有的股份賣掉給第三方或公開市場，中間賺取一筆可觀的收入，賺回來的收入和出資人分享成果。

書中提到的「投資者」，是泛指一切從事股權投資或者風險投資機構的籠統稱呼，他們集中投資在初創企業。兩者性質有時我在書中互相交換使用。對沒有太多募集資金經驗的香港青年創業家來說，先把這兩者看成為同一種人亦可。兩者的專業區分我不在這裡詳加解釋，因為兩者的分別暫時可以不需理會。

我每日的工作，就是接觸不同的金主，談判不同項目，參加不同的大大小小路演（roadshow）等等。以內地常用的形容詞——四個字可以涵蓋我的工作範圍，「募（資）、投（資）、管（投後管理）、退（退出策略）」每日都在四個領域上營營役役。觀摩及接觸初創公司多了，特別是青年創業家多了，不論是中外或者香港的青年創業家，我留意到他們在創業路上的一些盲點，深究下來，同出一轍。

> **"** 文化就是反映當地人的一種心態、一種價值觀，
> 沒有好壞之分，只有明白及接受或不理解之分。**"**

成為一位典型「香港大叔」之前，我和其他的香港小朋友一樣，自小被家人及學校教育灌輸一套香港價值觀，即是要相信自己，只要努力工作，不斷學習進修，正直做人，一定會成功，「往上流動」指日可待。其實，「往上流動」是甚麼？我從來都沒有深究過，別人這樣做，我便跟著別人一樣去做。在成長的過程中，我看見七十年代香港人的勤奮努力，八十年代香港的整體經濟起飛，九十年代香港成為了世界金融中心。香港這些成就得來不易，往往需要幾代人的累積，我很高興我曾經在不同的工作崗位上辛勤貢獻過。我和香港一起成長，接觸到世界不同的人和物，好壞兩面的教材都有碰過，而且收穫甚豐，為我人生添上幾分色彩。幸運的我，過去幾十年，身邊不乏有能力高的同事及朋友。從八十年代後期開始工作，接觸到的都是行業的專業人才，從他們身上學到很多做人做事的道理，最深刻的就是從一位歐洲來的上司身上學會很多道理，凡事都要從專業眼光中最細微的地方做得最精緻透徹。這個做人辦事的大道理一直在我身邊，幫助我無數次發揮自己。我可以說，我把這個道理變通成我一個優勢。

過去 10 年，我一直在內地發展，聯同歐洲的團隊，我先後在江蘇省及廣東省等地方長駐工作，出席過上百場的投資談判會議，其中有中方和外方，從大大小小的不同交流中學懂了中國的職場和官場文化，我沒有打算去分辨我們中間不同的文化的好壞或者高低的意圖，文化就是反映當地人的一種心態、一種價值觀，沒有好壞之分，只有明白及接受或不理解之分。因工作關係可以和中外不同階層的人交流，更幫助我了解及改進我做人辦事的處世態度。因為工作接觸到的不同人和物，我覺得我只是比起其他「香港大叔」多了幾分色彩，離開香港，在中國大陸和海外辦事，跟更多的中國人和外國人磨合，自然犯錯多了，而歷練得更多，見識長了，眼光便會遼闊一點了。

「山不轉路轉，路不轉人轉」的

香港人

從小學會香港獨有的價值觀，我覺得不會因為時間流逝而變得不合時宜，或者需要淘汰。香港人的價值觀多年來都是保持一致，只是演繹的方法按每代香港人當下的大環境下而有微調。我的意思是不論在甚麼年代的香港，年青時要不斷學習，努力工作等等這些價值觀都會從我們身上承傳給下一代的，只是八十、九十後的青年他們有自己的思想及理解，把這些價值觀用了另一個手法表達出來而已。表達手法不一樣不代表不認同或者違反原意。我了解現在香港青年創業家的需要和他們表達手法的轉變及心態。

舉個例子說明，六十年代的小孩在成長過程中，都認為需要努力讀書，考上大學，投身社會工作時，找個跨國大企業上班，每日朝九晚五、打領帶，坐在有冷氣的辦公室，從事文書工作。學習成績不太理想的，便去挑選一門手藝拜師，在師徒關係中學習及成長，滿師後便可自食其力。辛勤工作，努力不懈，就是我們這班「香港大叔」的一貫價值觀。

不論你是從那一條路走出來的，當我們累積一定財富後，便想買間房子，娶個妻子，生個孩子，再買輛車子。 這四子，從來都不是壞事（四子不應該是人生中追求唯一的目標），相信絕大多數的六十年代香港人都是從這個價值觀中學習成做人的原則及動力。請大家回想一下，香港經濟起初的騰飛模式，其中的經濟增長都是由基建或者構建房屋需求而帶動，如果沒有四子的理想作為推動力，我猜香港的經濟需要更長的時間才能騰飛。

我曾經和歐洲團隊同事研究過香港青年和歐洲青年的一些差異，發現購買房子是一個很大的經濟增長模式，歐洲房子沒有強勁增長的需求，所以經濟增長都是靠輸出產品為主要動力，而且增長幅度比較細。我想現在的青年也有這典型的四子觀念，只是其中房子對青年來說變得遙不可及。現在的四子仍是很受歡迎，但是要換個舞台或者演示的方法才可達成。可能要

轉到一小時生活圈的大灣區生活、工作，又或者從打工仔搖身一變為成功創業者才能實現。更可能是需要父母的幫忙才可達成四子的願望。

我不是說要四子不對，或者是指出香港已經變了，說香港沒有向上流動的機會，這都不是我的用意。如果有參考閱讀關於研究大都市發展過程的文章，大城市是包括香港、倫敦、紐約、巴黎、東京、北京、上海等地方，他們都是面對同一種問題，四子中的房子問題，是當地一般老百姓在市區的核心地段已經負擔不起購買新房子的地方，香港只是彈丸之地，一地難求同樣難以置業。多年前我見過一個事例，一位住在加拿大卑詩省的法國籍退休軍人，從溫哥華市中心旁的一個小區（高貴林）搬到較為偏僻的另一個新發展區，當時舊小區住所賣得的現金可以幫他在新地區購入一個更大更舒服的住宅，還剩下約一半的現金可以作為生活退休經費。這個例子就說明城市發展是一個過程，而這個過程往往都會有翻天覆地的變化，從住所靠近市中心而需要向外圍遷徙從而得到更合適的生活環境，這可能是世界各地大城市持續發生的慣常變化，這就是近期流行的一句「新常態」，以及我們眼前的粵港澳大灣區一小時生活圈的趨勢。

很多社會學家都共同指出地價飆升和城市發展有一個相互關係，日本東京房子是需要三四代人的心血才可償還貸款，可見房價已經超出一般老百姓的購買能力，房屋問題不只是發生在香港，逼迫香港青年重複我們六十後的大叔的人生軌跡、過同一種生活模式、同一種奮鬥過程，就能達致同一樣的結果嗎？比如一定要青年好好讀書，完成大學再以尋找一份理想工作，每月一分一毫的把錢積存下來，然後在香港達到四子理想，現在有這樣的想法或者要求是不切實際的，房價增長的速度遠比儲蓄收益增長幅度來得快，購買房子的計劃愈飄愈遠，青年的無奈感便由此而起。

有生命力的城市是「活」的，是一天一天從學習中慢慢成長的。香港以及世界上各地要面對的大環境轉變是正常的，不去適應新環境反而反對新環境的來臨，就是本末倒置，這個想法似乎是不合邏輯的。一切事物皆有周期，皆有其限定時間，歷久常新的不可能是事物，是看待事物的心態及靈活性。一句簡單的話說得好，「山不轉路轉」，香港青年必須隨著環境變化而有所適應。我們不應把香港青年局限在兩個選項中選一，硬要跟著習慣了的發展模式重新複製一次，或者是將四子變為三子，三子變為二子……最後沒有子了，責怪別人改變了大環境。香港人要繼續「靈活多變」的王道，香港青年可以創造更多不同的選擇給自己，削足適履，從來都不是香港人的一個正確解決問題的首選方法。

作為「香港大叔」的我，身邊不乏一些同齡同輩朋友，他們每天都思念著心中的舊式香港，抱怨著香港人和物的轉變。難道是跟他們從小到大習慣了的香港一樣才是真香港嗎？或是從六七十年代，外國電影中鏡頭展現出的香港，才是香港嗎？他們不能接受香港現實上的轉變，反而要把狹窄封閉的思想強加在自己及香港青年的身上，這就是讓他們承傳了香港價值嗎？至於香港青年的創業家仍是要一成不變，墨守成規沿用著上一代人創業的思維繼續下去？上一代人的「前舖後居」創業模式，現在還合適嗎？創業在香港是否等於眼前只有香港這個彈丸之地就足夠的市場容量嗎？

創業上的起步能否從「我能做甚麼？」將眼光拉闊點，開始提升轉移到「市場需要甚麼？」在這個缺口中，我能提供甚麼解決新方案？香港過去在文化、娛樂、飲食等都影響著整個大灣區的人民，如果要真的融合兩地，香港就要去爭取成為大灣區發展的一個火車頭，繼續影響著世界，讓各種不同類型的企業家繼續貢獻給香港，繼續讓香港的傳統價值觀承傳下去。我堅定相信香港總體面積不會擴大，但從八十年代開始，香港影響著周邊地方的影響力仍然每日俱增，用一句比較「禪」的說法，未來的香港會是今日的香港（香港人的特質不變）、也不會是今日的香港（香港的世界觀更勝從前），即是「山不轉路轉、路不轉人轉」，這值得大家去思考。

> " 語言能力強是創業家必須的條件之一，但是語言能力強，不等如有強的溝通技巧，有能力再加上出色的技巧，「能」溝通才是創業家中間的差異，投資成功與否的關鍵。 "

我對香港青年創業家的

理念

我一直相信香港青年創業家動力及質素是大有可為的。因為他們總有一腔
熱誠，希望可以把自己心中的一團火變成為一個實在的企業，從而可以享
受到日後的成果或是可以貢獻給香港甚至世界更多。但是問題出來了，一
般的香港青年創業家，都很專注組成及解決公司的營運模式或是商業模
式，但是沒有人針對式的提點青年創業家募資溝通所需要的技巧，可能跌
跌碰碰過後，受到一輪打擊，仍然是不知失敗原因。各自的創業者都聚在
一起努力，出席活動，但仍然是「同枱食飯，各自修行」，找不到出口似的。

同樣道理，「山不轉路轉、路不轉人轉」，在募集資金的過程中需要再調整
一下青年創業家的能力，特別是和投資人溝通的能力和技巧。過去香港青
年創業家，大多以廣東話或者英語作為溝通語言，面對外國投資機構也能
揮灑自如，因為香港青年一般都在西方的意識形態下長大，大家有共同的
背景可以溝通得暢順。至於一些非英語系國家的投資者，比如日本、韓國
等地，這些投資機構在香港一般都有港人同事在旁作為溝通的主要橋樑，
簡單來說，就是投資者主動遷就了香港的青年創業家。然而，這個遷就
不會是天掉下來的，不能假設在所有非英語系的地方都會受到同樣待遇。
香港的青年創業家將來需要再加多一種語言，即普通話。語言能力強是創
業家必須的條件之一，但是語言能力強，不等如有強的溝通技巧，有能力
再加上出色的技巧，「能」溝通才是創業家中間的差異，投資成功與否的
關鍵。

香港是粵港澳大灣區的一員（會另有章節介紹），而且是十分重要的一員，香港青年創業家以後碰到大灣區內的投資人將會是「新常態」，但過去我參與過多場的企業募資路演活動，包括在香港、內地及外地，我發現香港青年創業家和內地投資機構，兩者中間都有一個溝通的鴻溝，往往會把機會從手上溜走。這個鴻溝往往是因為溝通語言能力不足，更何況是溝通上的技巧呢？

錯失機會我覺得是對青年創業家的一個很大的打擊。外國的企業跨境募集資金時也碰到差不多的溝通困難。我曾聽過一些中英語言翻譯時，一字不差，用字精準，但意思卻是差遠了（lost in translation）。這個鴻溝不是言語或文字上的不同，作為過來人，10 年前的我到內地工作，每天都感覺到莫大的壓力，每個中文字，都可以寫、可以聽、可以講，但總是覺得中間還是欠缺了一些感覺，我用了 10 年的時間都未能完全百分之百掌握和內地朋友溝通的技巧，何況是初出茅廬的青年？這些青年創業家剛起步就碰到這個難題。所以，構想這本書時的目的是協助香港青年創業家該如何和內地投資人溝通，溝通能力我不在此詳加說明，下面章節更多是放在溝通技巧上，即是香港青年創業家如何準備溝通的第一步（路演）。

這書是本創業募資的軟件，一切其他創業時的硬件，包括財務、商業、營運研發及管理……這些工作及理論都不會在本書出現，因為這些都可以從大學裡學習，或者可以從不同的媒體或者其他書本中學習，包括香港的成功人士的傳記、海外企業家的成功史，或者中國的獨角獸企業的發展過程，從他們身上一一可以學會。香港青年創業家需懂得用軟件去推動硬件相互合作、解決問題，這樣才是正確。

對讀者的

要求

不論你是謙卑的創業家，只想為自己或者家人謀求兩餐一宿、生活安穩；
還是你是心中有鴻圖壯志，希望影響世界或者成為超級富豪，我都不是用
這些「分類法」去區分我心中的青年創業家。我瞄準心目中的讀者一個形
象，以「橫渠四句[1]」為藍本，勾劃出我心中香港青年企業家的形象——眼
光放遠、有志氣、心繫國家、放眼世界，願意為世界作出努力，為人民服
務；同時也願意將自己的舞台擴大至大灣區內不同城市，甚至內地其他城
市，想要和大灣區內的投資機構溝通，須具備個人能力，不只是學歷，還
一定要知道「你正在幹甚麼事情」的心態，知道自己能承受的風險，這些
都是我對讀者的基本要求。我寫作這本書的動機是希望借助我的經驗，協
助香港的青年企業家和內地投資人有更有效的溝通技巧，使他們在募集需
要資金的過程中更省時、更有效、更精準和更能發揮，將成功的機會率推
更高。

我強調地再說清楚，融合大灣區是香港未來的一個重大的發展方向，但不
是唯一的方向，也不會和其他發展機會互相矛盾。香港過去在文化、娛樂、
飲食等都影響著整個大灣區的人民。如果要真的融合兩地，香港就要去爭
取成為大灣區發展的一個火車頭，繼續影響著世界，讓各種不同類型的企
業家繼續貢獻給香港，繼續讓香港的傳統價值觀承傳下去。

[1] 橫渠四句：「為天地立心，為生民立命，為往聖繼絕學，為萬世開太平」，為北宋大家張載的名言。

我早上八點多已經回到咖啡室，等待著十點的公司合伙人會議。今天有幾個專案過會，合伙人各自提問更深入了解項目情況，決定是否提交投委會批准。

店長 Spenser 正為我泡一杯 Americano。店長跟我說：「熟客都是熟客，要來的都來了。」我沒有回應，只在刷我的手機，喝著我的咖啡，耳朵聽著客人的對話。約 30 分鐘後，一位臉熟的人來到咖啡室，身後還帶著兩個人。初時我認不出他們是誰，回過神來之後，想起了一位姓樓的先生，另一位是姓羅的女士，都是在香港財經媒體中常常出鏡的 KOL。那位面熟的人，原來是一位外號叫「胖虎」的中學同學，中學會考成績優異，但是學醫不成，輾轉到了某大學會計學系，考取會計師專業後，工作一直平步青雲。但江湖傳聞中，多年前他在茶水間給一位 tea lady 揶揄之後，性情大變，立誓要創一番事業，要全香港人都崇拜他。

現在「胖虎」人稱虎哥，是一所香港上市公司集團的 CFO，集團內包括四、五間上市公司，相互持股，行動一致。他兼任的職銜多不勝數，有董事總經理、上市公司主席、古典音樂歌唱家、作家和 KOL 等等，香港某報紙有他的專欄，年薪接近 1,200 萬，物質生活應不錯的，最近還出版了一本教導年輕人儲蓄的書，是一位金融才俊，多才多藝。眼前的他，可能已經達到他矢志不渝的人生巔峰了。一般香港的股民都認識他，但負評多於正面評價，形容他的詞彙有些是不堪入目。

春春很有個性地走到他們面前，吩咐他們 9 點正才可去前台排隊買咖啡，要說明紅杯或綠杯。樓先生說：「我們當然要買綠杯，「有虎哥、冇甩拖」，融資？ Piece of cake。」他還大聲地說，「一般大媽只會買賣股票，今日股價升值一點，賺點小錢買餸煮飯，開心死了。你炒股票簡直出神入化，公司跌了近一千倍股值，你賺大錢！」羅女士又羨慕地搶著說，「虎哥，你之前出台的『X 小股民套餐』，哄動一時，頭盤先來 10 合 1，之後主菜

3 供 7，甜品搭配 6 送 1 方案，真是令人拍案叫絕，整個中環都佩服你的本領。又有人說，你曾經拿走租戶銀包內的 200 元全部財產，作為欠租的部分還款。你真勁！難怪你的公司主席都『買你怕』。你公司營運正常收益都是你說了算，過去幾年每年業績見紅，你又會去投資地產商舖買賣，賺一筆回來！馬上轉虧為盈，賺快錢，得！慢慢賺，又得！你真的是金融魔術師啊！聽說集團內務會出事要有救護員到場，那個他 ok 嗎？還有 10 點半的電台訪問，將會問及你最新的大計、如何去賣果……」四周噪音很大，虎哥卻是無語，和不遠處的我便打了一個面照，面上帶點驚訝。

阿天剛將出爐的麵包放入櫃內，和我同時聽到上面對話。我和他四目交投，會心微笑。阿天說他下班後要去 band 房練歌，他的兩把電結他都需要維修，需要借用我的。他還帶著微笑說：「今晚回到家裡有安樂茶飯在等著。」他對虎哥的超能力似乎沒有一絲興趣，還在轉身前加了一句，「有病的人才用得著醫生，耶穌說的。」

在我的腦海中，大學時老師常常提到，公司營運必須賺錢，但賺錢是目的還是結果？虎哥，你被視為金融魔術師，這就是你要的成就？你是否仍然困在和 tea lady 談話的那一天？你的世界是否只知道賺取千萬年薪？你是為股東賺錢還是為老闆賺錢？你是賺客戶的錢還是賺股民的錢？在為公司解決困難，還是解決把困難指出來的人？

我並沒有感覺特別，我只在想，世界需要更多的虎哥嗎？

第 2 章 ／ 彎道超車——青年創業家你準備好了嗎？

香港人的傳統價值不會變，但是演繹的方式按時會有不同的變化。難道我們香港人的能力只能發揮在香港這個小島上嗎？我相信不是的。

彎道

超車

彎道超車本是賽車運動中的一個常見術語，意思是利用彎道超越對方。現在這一用語已被賦予新的涵意，廣泛用於政治、經濟和社會生活的各個領域，其中「彎道」被理解為社會進程中的某些變化或人生道路上的一些關鍵點。

我曾經和一位電單車職業賽車手交流，我問他比賽使用的電單車硬件基本上都是一樣，如何分出勝負？他回答我說比賽用的電單車，雖然設計上有少許差異，表現全屬高水平。如果要超越前車，最有效的就要在彎道上決勝負，即是你的電單車要先出彎，你要更遲一點的剎車入彎，加速時間比其他車手短，決勝不在於車的硬件，是取決於車手的心理質素和決心。這個道理我相信也可以應用在香港青年創業家身上，你不斷的在創業路上衝刺，現在香港面前已經是轉入另一個「創業」彎道（粵港澳大灣區），青年創業家現在要找到能幫助你縮短加速時間的利好因素，你準備好了彎道超車嗎？

現在我和大家一齊回顧香港過去這條香港人一直努力打拼的世界知名「賽道」。本書雖然不是香港歷史書，但簡單的回顧過去，對香港青年企業家的未來發展肯定有幫助，對掌握如何能彎道超車定是有所啟發的。香港沒有天然資源，但能從一個小島，一步一步的成為影響世界的一個金融中心，箇中必然有過人之處。這些過人之處就是香港人的特質，就是你和我在其中一份感染到的特質。按香港歷史檔案中記載，香港開埠的大日子開始自1841年1月26日，雖然我們對當天及開埠前後的所知甚少，只知道英軍在1月26日在佔領角（即上環水坑口街）舉行了升旗禮。這開埠天之後，香港便展開了有一個150多年的奇妙「賽道」旅程。

奔跑的賽道

香港政府的年報 2010 中提到，香港考古研究始於 20 世紀 20 年代。香港沿海多處地點發現古代人類活動的遺蹟，證明本港歷史可追溯至 6,000 多年前。從考古學角度來說，香港或許只是華南文化體系的一個小部分，而學者對這方面所知仍屬有限。有香港考古發掘顯示，香港與廣東在新石器時代和青銅器時代的文明發展步伐一致，同樣受到中原文化影響。考古發掘發現兩個主要的新石器時代文化層。青銅器約在公元前 1500 年出現，這是香港史前最後一個階段。雖然當時沒有廣泛使用青銅器，但香港考古遺址曾有矛頭、箭鏃和戈等精巧青銅兵器出土，也發掘到刀、魚鈎和斧等青銅工具。在原赤鱲角島過路灣、大嶼山東灣和沙螺灣、屯門掃管笏，以及南丫島大灣和沙埔村出土鑄造青銅器的石範，足證本港有鑄造青銅器。

早期中國文獻稱中國東南沿海地區的居民為「越人」。因此，至少有部分本港史前先民可能是「百越人」（各類「越人」的統稱）。 此外，在大嶼山石壁、滘西洲、蒲台島、長洲、東龍洲、港島大浪灣、黃竹坑和歌連臣角等地點，也發現了幾何圖案和狀似動物圖案的石刻，這些都可能是本地先民所刻鑿的。秦（公元前 221 至 206 年）漢（公元前 206 年至公元 220 年）兩朝揮軍南征，平定嶺南。南遷的漢人不斷增加，對原住民產生種種影響，這從本港出土的漢代錢幣可見一斑。不過，這段動盪時期的最重要的遺蹟，還是 1955 年在深水埗李屋村和鄭屋村附近發現的完整磚室墓。這座古墓內的陪葬品為典型的漢代明器，被推定為東漢初期至中期的古蹟。在大嶼山白芒、滘西洲、馬灣東灣仔及屯門掃管笏進行的發掘工作，都在文化層出土各類漢代陶器、鐵器和大量銅錢。此外，在旺角渠務工程工地也發現四個陶罐。

近年的考古研究，提供了一些新資料，有助進一步探索明代（公元 1368 至 1644 年）和清代（公元 1644 至 1911 年）的本地歷史。有關的研究，包括分析在大嶼山竹篙灣出土的大量明代青花瓷器，這些瓷器在公元 16 世紀初製成，手工精巧，是輸往東南亞和西方諸國的外銷瓷器。2001 年竹

篙灣出土了包括房基在內的更多明代文物,顯示當時有人在該處聚居。大埔碗窰遺址的考古調查發現,本地可能早在明代已有窰工開始製造青花瓷器。香港的瓷器工業一直傳承至 20 世紀初,歷經 300 多年。2000 年及 2008 年在掃管笏遺址進行的發掘,發現合共 90 多座明代墓葬,陪葬品包括瓷器、銅錢和鐵器,為研究明代本地居民的生活提供了新資料。

由於香港地瘠山多,水源缺乏,早期的居民認為香港並非安居樂業的好地方。當時香港只有村民約 3,650 人,散居於 20 多條村落;另有漁民 2,000 人,棲宿於港口的漁船上。港口是香港唯一的天然資產,維多利亞港位置優越,處於通往遠東的貿易通道,不久便成為與中國進行轉口貿易的樞紐。

自回歸後,香港便進入了另一個章節,香港面對著另一個不一樣的環境,挑戰愈來愈激烈的世界。

彎道（港澳大灣區）的

由來

香港自開埠以來，在百多年的時間裡，從一個小漁村高速發展成為聞名遐邇的世界大都市，躍升成為第三大金融中心、第七大航運中心，不得不說是城市發展史上的一大奇跡。香港要繼續發展，和世界各大城市競爭，只憑自身實力可能已經是不足夠了。從國家的規劃中，香港會聯同其他鄰近的城市，一齊打造一個世界級的大灣區，突顯香港的能力和優勢，這大灣區也是香港未來的其中一個發展方向。而香港的青年創業家，眼光只放在香港一個細小的市場，我覺得已經是不合時宜；打個比方，六七十年代時，在香港前舖後居的簡單買賣經營模式，服務街坊已經可以養活一家。但今天如果我們仍然繼續堅持在香港要做前舖後居的簡單營運模式去服務街坊，這個實在是個不切實際的想法。簡單營運的家族企業概念可以不變，時移世易，如果要生存，眼光便要應該放在更大的市場，更好的經濟轉型機遇就在眼前。

所謂天要下雨，娘要嫁人，你喜歡或不喜歡都不由你下決定，應關注的是對你有甚麼影響，你因而需要改變甚麼，而不是去拒絕改變。我個人對於香港融入大灣區應作視為「circle of influence*」，即是會影響我的事情，而且是個十分重要的影響，真的要認真去思考這是一個機遇或是一個危機呢？我們應該有甚麼相應對策呢？我在這個層面上能做些甚麼呢？這些正面的思維才是合乎常理的想法。至於其他人把香港融入大灣區視為「circle of concerns²」，即是去辯論香港是否應該融入大灣區的看法我都是理解的。

我們是耗時間精神去辯論融入的好與壞，這些永遠都沒有絕對答案的哲學問題？或是去抗拒一些我們不習慣的轉變？要完全去改變從來都是一個很複雜的學習過程。或是去挑戰不是由我們下的決定？這些都是一些個別人的取向，這都是我十分尊重和理解的，這也反映了香港的自由開放、多元文化和公平公開的社會價值。我作為一個知識分子及一位企業家，當然接

受香港融合大灣區，是必然的趨勢，因為抗拒大灣區發展，只會將自己的眼光變得狹窄。香港人的傳統價值不會變，但是演繹的方式按時會有不同的變化。難道我們香港人的能力只能發揮在香港這個小島上嗎？我相信不是的。大灣區內資金充裕，青年創業家如果要尋求資金，以後碰到的投資機構往往是在大灣區內的一些投資方，多了解大灣區又何妨？香港青年創業家從一個細小市場，開闊眼界走進世界級的舞台又何妨呢？

粵港澳大灣區又是甚麼呢？粵港澳大灣區是一個由 11 個城市組成的城市群，這些城市包括香港、澳門兩個特別行政區和廣東省的廣州、深圳、珠海、佛山、中山、東莞、肇慶、江門及惠州。 美國媒體認為粵港澳大灣區將成比肩矽谷的「大都市」。這對香港意味著甚麼？世界上最長的跨海大橋始於香港，綿延 34 英里（55 公里）。這座大橋將香港與澳門和內地城市珠海相連。按照大灣區規劃，中國將把 11 個城市整合為一個龐大的大都市區，覆蓋 8,600 萬人口。據滙豐銀行的研究，大灣區每年的 GDP 達到 1.5 萬億美元，相當於中國全國 GDP 的 12%，或整個韓國的經濟總量。按粵港澳大灣區發展規劃綱要提出，大力拓展直接融資管道，依託區域性股權交易市場，建設科技創新金融支持平台。支援香港私募基金參與大灣區創新型科技企業融資，允許符合條件的創新型科技企業進入香港上市集資平台，將香港發展成為大灣區高新技術產業融資中心。

粵港澳大灣區發展戰略是最初珠三角區域合作衍生的升級模型。它有別於雄安新區的一夜間橫空出世，整個規劃都經歷了不斷的探討和研究。2009 年，《大珠三角城鎮群協調發展規劃研究》把「灣區發展計劃」列為空間總體布局的一環；2010 年，粵港澳三地政府聯合制定《環珠三角宜居灣區建設重點行動計劃》，以具體落實跨界地區的合作；2014 年，深圳市政府工作報告首次提出了「灣區經濟」；2015 年，「一帶一路」相關文件中，「深化與港澳台合作，打造粵港澳大灣區」首次在國家層面提出；打造

粵港澳大灣區緊接被寫入國家「十三五規劃」；2016 年，廣東省政府工作報告中提出「開展珠三角城市升級行動，聯手港澳打造粵港澳大灣區」等內容；2017 年，廣東與香港將在南沙自貿區建立「粵港深度合作區」。當年召開的十二屆全國人大五次會議上，國務院總理在政府工作報告中提出研究制定粵港澳大灣區城市群發展規劃。隨後香港代表團到訪粵港澳大灣區六個城市，包括廣州、佛山、肇慶、江門、中山及珠海，考察當地的城市發展、定位、物流及基建。

四大中心城市確立香港為國際金融、航運、貿易中心和國際航空樞紐。澳門為世界旅遊休閒中心、中國與葡語國家商貿合作服務平台。廣州為國家中心城市和綜合性門戶城市引領作用，全面增強國際商貿中心、綜合交通樞紐功能，培育提升科技教育文化中心。深圳為發揮作為經濟特區、全國性經濟中心城市和國家創新型城市。[3]

[2] Stephen R Covey (1990). "7 Habits of Highly Effective People". USA: Free Press.
[3] 中央人民政府駐香港特別行政區聯絡辦公室 (2021)。〈粵港澳大灣區，你了解嗎？〉。
取自：http://www.locpg.gov.cn/jsdt/2021-04/17/c_1211114813.htm。
央視網 (2018)。〈發力「中國硅谷」粵港澳大灣區潛力有多大？〉。
取自：http://news.cctv.com/2018/04/11/ARTIbLEpT7VuKQyD8UbmGR6V180411.shtml。

支持你

彎道超車

因為工作的關係，我第一個想法是研究到底有多少資金容許我去追逐？同樣的想法，我想先介紹一下大灣區內的一些資金情況。這些資金量往往是決定能否吸引不同初創企業的一個「磁石」，是否可以將所有優秀的企業都吸引進去。請香港青年的企業家思考一下，你們需要的「錢」（資金），全世界（包括香港）的投資機構給你的都是同樣的「錢」（資金），只是在貨幣上有所不同，但大灣區內不同的政府能給予的附加值支持遠超其他投資者。

舉一個我最近接觸過和真實的香港人企業的例子，那是一家設計及生產醫療檢測用品的初創企業，青年企業家幾經波折落戶在大灣區內中山市，經過幾年發展，現在企業差不多已經可以生產及銷售產品供應市場。他們的產品往往有很強的競爭力，最簡單的是因為成本輕了（基本上享有免租廠房政府政策），創業的路走得輕鬆多了。如果你初創的企業需要用「地」，香港政府能免費提供給你嗎？大灣區內的政府願意提供支援「地」，因為他們相信用地能換取地方發展的「時間」和「空間」，創造了「直升機經濟」效應，企業的成功便會為政府帶來長遠的效益，還會幫助你介紹你需要的資源及發展的支持，這個共贏局面，機會難逢，應該需要好好把握。

我不是提議香港的青年創業家馬上將公司搬往大灣區，以後自然會順風順水，或者是募集資金時馬到功成。我希望的是請香港的青年創業家好好去大灣區走一趟，用你的聰明智慧去判斷大灣區是否適合你企業的發展，能否讓你在這彎道上超車。多認識及了解之後，便能作出一個更明智的決定。莫要故步自封，坐井觀天，自以為是「小型」創業家。可能你需要的在大灣區內找不到，說明這個彎道不是超車的時候，但是你至少清楚知道這一點，這是你運用了智慧去作出判斷的。

大灣區內到底聚集了多少資本等著你？水有多深？雖然沒有正式的統計，但我嘗試提供一個參考給各位，按 2020 年「投中信息」持續關注粵港澳大灣區投資機構的發展並連續兩年發布粵港澳大灣區榜單 [4]，該榜單列明：「對灣區內 200 餘間股權投資機構和 80 間引導基金進行了調研，採取了定量與定性相結合的方式，依據在管規模、投資及退出等評選指標對選取機構進行評定。經過初選、訊息核實及最終排名等環節，整理超過 2 萬多個投資和退出數據，並綜合考量機構的市場影響力及聲譽度，最終根據分數選定符合條件的投資機構入榜。」入榜單的 30 間投資機構管理金額保守計算全數總值超過 8,000 億人民幣，還未計算榜單以外的投資公司所管理的金額。這個資源相當吸引，作為青年創業家的你，去多了解一下又何妨，想去分一杯羹又何妨？

回到大灣區發展亦都是一條難能可貴的出路，成功的例子比比皆是，然而，我必需強調，我並不是勸喻每位青年創業家都要回大灣區落戶，所謂條條大路通羅馬。我想指出的是，作為一個創業家要有前瞻性，既然上面提到大灣區發展的政策，對香港創業家利多於弊，為何我們不好好想一想，怎樣可以聯合自身的優勢和大灣區的發展趨勢，結合一個 1+1 大於 3 的局面，盡量爭取所有資源，幫助自己創造一個企業。我在此只想提醒創業家，如果你想仍在香港註冊公司、營運公司，這樣完全沒有問題，但是資金的來源，我覺得不需要限制自己只在香港尋求，我的經驗告訴我，在大灣區內能碰到的投資機構，他們的出資能力及能提供的附加價值，遠遠超乎你的想像。各位創業家仔細看看，中國有出資能力的資金，選擇出路沒有幾條，不是炒作房地產，就是買股票。創業家回大灣區尋覓資金，這樣亦不失為一個給投資人上佳的投資選擇，可能更合乎大灣區內投資人的要求。

或者你會覺得，我從小接受西方教育，我亦在海外大學畢業，我有渠道及有能力爭取到美國或者歐洲的資金，再返回大灣區落戶，這樣又何妨？我可以直接告訴你，這樣你就迂迴曲折，產生出幾層的風險，包括政治層面上的風險，個別國家的法律或財務要求不一，資金匯率的波動風險，投資人的文化背景或者個別特殊要求，每年或者每季遞交的會計財務文件報告，成本不輕等等。

> 你喜歡或不喜歡都不由你下決定，應關注的是對你有甚麼影響，
> 你因而需要改變甚麼，而不是去拒絕改變。

我一位德國同事曾經跟我說，他很羨慕香港的創業家，在香港可以享受低稅率的好處，亦可以受到完善法律制度的保護，同時又可以進入中國這個龐大的市場募集資金，真是羨煞旁人。舉個例子，有眾所周知的「DJI (Da-Jiang Innovation) 大疆無人機」企業，不論背景如何，故事發展細節如何，最終的現實都是香港團隊返回大灣區尋求資金，故事發展的結局出乎意料的好。正如前特首林鄭月娥所說：「我們錯過了一次，不要再錯過下一次大疆在香港上市的機會。」我相信大疆的例子可以變成一個典型的彎道超車教材，讓香港的創業家體會到結合香港創業的優勢在大灣區內尋找所需，包括供應鏈上下游、資金等等，效果往往出人意表，事半功倍。我想指出的是我們面前的賽道已經擴闊了，粵港澳大灣區是整個韓國的經濟總量，不再是幾十平方公里的香港島、九龍半島和新界的一個小地方了，一個能彎道超車的時機已經放在香港青年創業家面前了。

---

⁴ 百度 (2020)。〈投中 2020 年度粵港澳大灣區榜單發布〉。
取自：https://baijiahao.baidu.com/s?id=1686660758677552394&wfr=spider&for=pc。

我看到電視專訪上的嘉賓很自豪地說:「我們一同建設大灣區,大灣區將是我們經濟的火車頭,世界的未來!」我頭一低,正想拍手支持之際,Spenser 即送我有印尼特級雌雄咖啡豆混合其中的特配咖啡。我嚐了一口,和昨天前天的說不出兩樣;眼前唯一的不同處,就是他給了我綠杯,我的咖啡杯不知放哪裡去了。我的「一杯子」咖啡杯是灰色加上白色格仔線條的。

剛放下杯,眼前坐了兩個青年手持著紅杯,他們在總結剛才的路演表現。我聽到 CEO Jason 說著:「剛才兩位基金代表的意見很有道理,在用我很有限的普通話能力交流期間,我理解我們的項目在香港落地需要很大的土地空間,以及很昂貴的科研團隊才能完成生產,重資產型的配備都會令投資機構有所顧慮。」CTO Philip 接著說:「幸好主辦方有臨時翻譯,我和他們用英語交流,我聽到他們提議我們考慮去大灣區發展,那邊資金充裕,土地空間供應大,科研團隊實而不華,對我們總體的資金壓力不高。但是我媽媽常常說,大灣區內人品複雜,有不少流浪漢流離失所,小偷猖獗,特別是盜版行為普遍,肆意販賣的食材都是用地溝油煮成,交通亂,地方污糟,加上我慣常使用的社交媒體平台都不能用,我不知道接下來還會有甚麼事情發生。我們真的要去發展嗎?你女朋友會同意嗎?我的女友肯定不會同意。不知道為甚麼香港的投資機構沒有代表發言。」Jason 無語,但看似仍在思考中。

Herbert 指著我在響的電話,是瑞典的 Ericsson 先生來電。Ericsson 是一所瑞典醫療設備生產公司的中國區首席代表,他的公司是生產針對皮膚傷口處理的輔助醫療器材。自從去年他來訪大灣區後,公司決定派他在大灣區內落實建設中國總部。我公司對他投資的 2,000 萬人民幣已有初步判斷,約了後天再開個視像會議詳談。從短短的 15 分鐘對話中,我感覺到 Ericsson 莫名興奮,因為他公司生產所需要的土地空間租金相對便宜,工程師、技術員等的人才亦不缺少,稅收可能有優惠,上下游供應商都在

附近，總體的營運壓力比較輕，資金需求亦相對少。他還會帶上核心研發團隊駐守中國總公司專注未來科研。接下來他需要找一些生活配套資源，特別是一些國際學校的信息，政府對接單位亦有支援他們團隊。我覺得他們在內地的發展空間很大，亦能幫助不少相關的病人，我相信我們的投資會獲取很豐厚的利潤。Ericsson 的眼裡，只有讓公司長遠發展的無限可能性。

Philip 媽媽說的可能對，但已經是 40 年前的生活實況吧，她仍然停留在七零年代的中國一般城市裡面。我還記得多年有位前大學同學的爸爸知道我是香港人，便問我：「Is it true, tell me, there is a Susie Wong working in HK? Is there any fishing junk still floating at the harbor? The brown color sail type, I've seen them from the James Bond movie, you know...（真的有一位 Susie Wong 在香港工作嗎？現在還有帆船在維多利亞港上航行嗎？」我記不清回了他甚麼。

大灣區是甚麼？香港在大灣區內應扮演甚麼角色？香港精神只存在香港？是變得很厲害才開始，還是開始了便變得很厲害？外面下雨了，已經有人準備好雨中作戰，Jason、Philip 足球你還要踢嗎？

他看到的是市場空間，市場現在需要甚麼，之後便組織一班有志之士，一齊創辦一個足以影響全球的企業。

第 3 章 ／ 募資難 ？——盲點 1.1 青年創業家你要甚麼？

香港青年創業家的

特質

畢馬威中國在 2018 年發表過一份報告[5]，報告中指出香港的創業者擁有一份強烈的使命感，他們認為創業對社會和經濟大有裨益，包括開拓新思維、保持社會活力、解決社會問題和創新機會等。而他們的創業動機往往是為了發展新技術，滲透服務覆蓋度不足的市場和推動他們的社區發展，較少人是以金錢或個人事業為考量。

在香港大學李兆基會議中心大會堂舉行的香港大學第 199 屆學位頒授典禮上，馬雲獲頒名譽社會科學博士學位，以表彰他對科技、社會和世界作出的重大貢獻。馬雲認為[6]：「企業家和科學家有許多相似之處，我們都需要承擔風險。真正的企業家，不是利用社會問題去賺錢，真正的企業家是通過解決社會問題來賺錢。」香港的優勢，對馬雲來說，包涵三大方面的吸引力：包容、創新和青年。馬雲喜歡香港，香港的獨特性在於她的包容，在於她開放的精神。正是由於開放的貿易、開放的文化、開放的政策，才成就了今日的香港。全世界找不到第二個城市，在這麼小的地方，講著這麼多國家的語言，有著這麼多膚色，如此不同，又如此相似。如果說香港還面臨一些問題，試問哪有一個城市沒有面對問題。有人說香港年輕人有問題，但哪裡的年輕人沒有問題？關鍵是，如何面對問題？如何解決問題？如何去挑戰這些問題？馬雲對香港能夠解決這些問題有信心。因為包容，因為有優秀青年，所以香港可以擁抱創新，香港有優良的創新的環境和條件。

據香港《南華早報》網站 2016 年 3 月 16 日報導[7]，據滙豐銀行的調查指，在香港和內地的企業家中，有 44% 年齡是在 35 歲以下，相比起全球各

地平均只有 30% 為高。 這份調查是由滙豐銀行的私人銀行部門進行，訪問了超過 2,800 間市值 25 萬美元至 2,000 萬美元的企業，覆蓋多個國家和地區，包括香港、中國內地、新加坡、美國、德國和法國等地方。報告稱，香港人經營的企業平均營業額是 800 萬美元，遠超過全球平均的 650 萬美元，即使香港企業聘請的人數，傾向比全球其他地方企業少 22 人。

從 2014 年香港青年協會有關香港青年創業的調查[8]中，顯示香港青年看重實踐理想，有意創業人數逐年大增。根據香港貿易發展局與香港青年協會的最新一項調查發現，2014 年香港的年輕族群中，新晉及計劃創業者的比例合共為 15%，較 2011 年同樣的調查上升 8 個百分點。調查亦發現，由於鄰近內地，香港是不少創業者選為創業首選的其一個主要市場；而資訊科技業，尤其是手機應用程式開發，則是大熱行業之選。

是次調查於 2013 年 11 月至 2014 年 2 月期間進行，是以上兩家機構自 2011 年後就香港青年創業調查的再一次合作。調查分為兩部分，第一部分以隨機形式，訪問了 1,000 名 18 至 35 歲的香港青年，從而估算香港整體青年人口中，新晉創業者（創業三年或以下）和計劃創業者（有計劃於未來三年創業）的比例，分別較 2011 年上升 2% 至 5% 及上升 6% 至 10%。當中，年齡介乎 31 至 35 歲（35%）、男性（59%）及擁有學位或以上學歷（50%）者，仍佔較大比例。第二部分則以問卷及訪談形式，集中訪問約 200 名，於最近 3 年內創業的香港青年的情況。當中新晉創業者主要有四大特點和趨勢。第一是善於運用資源。調查中約三成新晉創業者從事零售業務，但當中絕大部分沒有租用商舖，而是把產品寄賣，或租賃商場、百貨公司等短期攤位作展銷，避免繳付高昂租金。受訪者亦普遍表示市場推廣資源不足，惟會善用網上平台、社交網絡或手機程式等這些幾乎零成本的宣傳方法推廣業務。第二特色為小本創業，避免借貸。8 成受訪者的開業資本在 20 萬元或以下，兩成更是在 1 萬元或以下；96% 受訪者表示，以自己及合伙人的資金作開業資本，只有約 10% 的首次創業者會向銀行或財務公司借貸。

> 時至今日，香港各行各業競爭劇烈，青年創業家現在又用這個「我能做甚麼？」的邏輯去創業，就顯得陳舊及落後於現今社會的實況。

從以上種種的報告及調查中看到，香港青年創業家都是比較實在的，願意承擔一些小風險。如果將這些風險量化就是等於開業時的資本。從投資的專業角度中來看，我們稱這些創業的資本叫做「朋友及家庭」圈的投資，這些都是正常的募集資金的周期開始，代表創業者手能伸展到及接觸到的投資人，即是家人及朋友，投資者往往不需要帶著很高的成本便能找到資本。因為這些家人及朋友往往都是相信或者支援青年創業家，不會多問及創業者的長遠計劃或者是經營模式，大都相信創業家的全程投入，努力經營，如果萬一真的是把投資虧損全數，往往都是不會太計較的。

雖然有了家人朋友投資，是否代表這位創業家的企業真的大有可為呢？從我參與好幾場杳港青年的路演中，我看到香港青年創業家都是從「我能做甚麼？」這個出發點來展開計劃，也是出自人同人的比較，我比你懂多一點特別的能耐，就假設你需要向我購買我的產品或服務了。舉個例子，我能泡咖啡，我的家人和朋友說我泡的咖啡挺專業，我對咖啡的品味要求很高，又懂得去揀選咖啡供應商，容易找到價廉物美的材料，而且我想做老闆，這樣我馬上構思去開一間咖啡店。之後，我得到家人、親戚、朋友的支援，總共募集資金幾十萬，尋找港九新界合適店舖，租金合理便馬上租店裝修，為了省錢，創業家每事親力親為，付出體力時間，不花幾個月，咖啡店開了，努力營運，開店前做足預備功夫，參考市場的競爭情況和客人口味，從供應商採購上佳產品，薄利多銷，又懂得借助不同的社交平台努力宣傳，之後步步為營，刻苦耐勞，見步行步，相信咖啡店將來應該是沒有問題的。

這樣的邏輯，我在許多香港青年創業家身上屢見不鮮。在香港的六七十年代時，香港經濟剛剛起飛，人口開始增長，市場競爭不劇烈，百業待興，招徠客人相對容易，用這個「我能做甚麼？」的邏輯，當年還可以找到一個企業生存的空間，刻苦經營，營營役役，尚能勉強維生。 但是，時至今日，香港各行各業競爭劇烈，青年創業家現在又用這個「我能做甚麼？」的邏輯去創業，就顯得陳舊及落後於現今社會的實況。需要的準備功夫實在遠遠不足夠。

從個人經驗及從專業的投資人眼中看這些創業家，他們正在冒上一個很高的風險。這個風險就是他們從來不考慮市場上的實在情況，只是從自身能力為出發點，可能跟其他市場上同類型的咖啡店重複，如何生存下去便是一個很大的難題。世界上頂級的創業家包括 Tesla 的 Elon Musk、Apple 的 Steve Jobs 等，都認為要進入一個市場，創業家必須明白市場需要甚麼。又以中國龍頭企業「淘寶」為例，馬雲先生不是一位電腦專家，他的大學本科是英文系，他曾經當過英語老師。如果他創業沿用「我能做甚麼？」的邏輯去創業，他永遠都辦不到「淘寶」這個企業了。他看到的是市場空間，市場現在需要甚麼，之後便組織一班有志之士，一齊創辦一個足以影響全球的企業。我仍然是鼓勵香港青年有機會便去創業，可以利用自身的優勢，但還要加上很多其他的好元素，天時地利人和等的外在因素。但我主要想提醒這類型的創業家，實在要花點時間去思考一下，為甚麼市場上需要你（的咖啡店）呢？

我建議一下應該從下面幾個問題著手去想想你的未來企業。

1. 市場上你所屬行業正面對甚麼問題（又或者「痛點」）？
2. 你能為這個問題提供甚麼創新而且有效的解決方案（你的競爭優勢）？
3. 要得到你的解決方案，需要付出多少成本（市場接受能力或者內地稱做「市場容量」）？
4. 你和其他解決方案不同之處？（即是你跟別人的差異性）

[5] 阿里巴巴創業者基金 (2018)。〈報告 2018〉。
取自：https://www.ent-fund.org/sc/joint-study2018。
[6] 香港大學 (2018)。〈第 199 屆學位頒授典禮馬雲致謝辭〉。
取自：https://www4.hku.hk/hongrads/tc/speeches/dr-jack-ma-jack-ma-yun。
[7] 每日頭條 (2016)。〈港媒：內地和香港企業家年輕人比例超全球平均值〉。
取自：https://kknews.cc/finance/e9vn2n4.html。
[8] 香港貿易發展局 (2014)。〈夢想起飛開創新機 ——2014 年香港青年創業報告概要〉。
取自：https://secure.hkmb.hktdc.com/tc/1X09XC6U/ 經貿研究 / 夢想起飛 - 開創新機 -2014 年香港青年創業報告 - 概要。

我提供的這四個問題，都是大小企業最基礎的核心能力。請好好思考以上四個問題，請真的撫心自問，認真地在最核心的地方找尋答案。如果只是在表面上簡單思考，為了做而做，這樣必定會影響後期資金及營運問題。這些問題不及早解決，足以令這些青年創業後意興闌珊，結果失敗離場。考慮完以上四個問題後，你仍然可以創業開設一間咖啡店，我相信這間咖啡店一定會有足夠的競爭能力，因為你從以「我能做甚麼？」為出發點，轉到為咖啡店文化零售市場上的缺口中提供新的解決方案。一定會有跟其他咖啡店（特別是連鎖式的，它有提供市場缺口的不同方案）大有不同之處。還有，當你日後需要和專業的投資人溝通時，你一定能很容易、很正確的表達出你企業的優勢。

有些創業家發展到某一個階段，或者再需要找投資者時，會發現和投資人中間有溝通的困難，你整天只是說「我很喜歡我的工作、我全程投入、我願意犧牲一切」等等，這些說法可能可以打動家人或朋友，但其他陌生的投資人無法理解及知道你其實是在搞甚麼企業，你搞的企業憑甚麼能賺錢？你憑甚麼能經營下去？你憑甚麼認為市場能接受呢？為甚麼我要投資給你？碰上這個困難，原因就正是創業家第一步的出發點已經有盲點了。

你搞的企業憑甚麼能賺錢？你憑甚麼能經營下去？你憑甚麼認為市場能接受呢？為甚麼我要投資給你？

概況

現在請青年創業家深入一點去了解你的投資人（你新賽道上協助你超車的合作伙伴）。

本書所指的投資者的定義，主要是私募基金向初創企業提供資金支持，並取得該公司股份的一種融資方式。青年創業家通常在「天使輪」投資後收到專業投資人的第一輪資本，就是由這類型私募基金所投資的（都是投資機構，行業中區分只是投資在項目的不同發展階段上）。因為青年創業家的產品相對完整，馬上可以推出市場，需要新一輪資金作為推廣及銷售所用。

風險投資是私人股權投資的一種形式。風險投資公司是專業的投資公司，由一班具有科技及財務相關知識及經驗的人所組合而成，經由直接投資，獲取投資公司股權的方式，提供資金給創業者。風險投資公司的資金大多用於投資新創事業或是未上市企業，並不直接參與經營被投資公司為目的，僅是提供資金及專業上的知識與經驗，以協助被投資公司獲取更大的利潤為目的。所以是一追求長期利潤的高風險高報酬事業。我現時的公司主要業務就是作為這類型的投資者，通常被稱為機構投資人，風險投資或者是股權投資等等。

而我所指的中國投資生態圈，是包括政府、基金管理公司及個別投資人的互相影響的硬性要求、想法或行動，形成一種活力，促使初創企業蓬勃發展。中國投資圈和香港及世界很多地方都大有不同，中國特色是以政府監管為中心，確保一切投資案例合法合規，保護投資者並促使業界健康發展。雖然「中國投資協會」是一個社會組織，但其監管從業員的專業考試，簡單的公司註冊制度至每支基金的每季表現，他們都很透徹清楚知道會員的一舉一動。下面就是列舉一些業界的最新的訊息，給各位了解一下中國的投資生態圈是甚麼一回事。

2021 年「中國私募證券基金」半年度報告[9]中提到截至 2021 年 6 月底，已登記私募基金管理人已達 24,476 間，較 2020 年 6 月存量機構增加 57 間，增長為 23.34%；已備案私募基金 108,848 隻，較 2020 年 6 月在管私募基金數量增加 22,753 隻，增長為 26.43%；管理基金規模 14.35 萬億元，較 2020 年 6 月增加 1.07 萬億元，增長為 24.67%。從註冊地分布來看（按 36 個轄區），上述 24,476 間私募基金管理人主要集中在上海市、深圳市、北京市、浙江省（寧波除外）和廣東省（深圳除外），總計佔 70.03%，略低於 5 月份的 70.07%。而從管理基金規模來看，前 5 大轄區分別為上海市、北京市、深圳市、浙江省（寧波除外）和廣東省（深圳除外），總計佔 69.28%，略高於 5 月份的 69.21%。總體來看，京、滬、深穩居前三甲之列（未來的粵港澳大灣區，就是深圳正在發展的另一頭火車頭）。

從不同規模管理人來看，中大型管理人，至今年以來表現名列前茅，平均夏普比最高，為 1.13，平均收益排名第二，為 7.75%；其次是小型管理人，平均收益最高為 9.02%，平均夏普比為 1.00。此外，微型私募管理人，至今年以來平均收益與百億級比較靠近，分別為 6.13% 和 6.54%[10]。

私募基金的運作方式是股權投資，即通過增資擴股或股份轉讓的方式，獲得非上市公司股份，並通過股份增值轉讓獲利。股權投資的特點包括[11]：

1. 股權投資的收益十分豐厚
與債權投資獲得投入資本若干百份點的利息收益目標有所不同，股權投資是以出資的比例來獲取公司收益的分紅，只要獲投資公司成功上市，私募股權投資基金的獲利幅度可能是幾倍或幾十倍。股權投資者的關注點就是公司的市值增長，而不是在盈利上的每年輕微的增長。

2. 股權投資伴隨著高風險

股權投資通常需要經歷若干年的投資周期，因為投資於發展期或成長期的中企業，本身有很大的風險，如果獲投資企業最後以破產慘淡收場，私募股權基金也可能血本無歸。

3. 股權投資可以提供全方位的增值服務

私募股權投資，向目標企業注入資本的時候，也注入了先進的管理經驗和各種增值服務，這也是其吸引企業的關鍵因素。在滿足企業融資需求的同時，私募股權投資基金能夠幫助企業提升經營及管理能力，拓展採購或銷售渠道，融通企業與地方政府的關係，協調企業與行業內其他企業的關係。全方位的增值服務是私募股權投資基金的特色和競爭力優勢所在。

風險投資的特徵，共有五種特徵：

1. 獲投資企業正處於創業期的中小型企業，而且多為高新技術企業；
2. 投資期限不少於三至五年或以上，投資方式一般為股權投資，通常佔獲投資企業 30% 左右股權，而不會要求控股權，也不需要任何擔保或抵押；
3. 投資決策建立在高度專業化和程式化的基礎之上；
4. 風險投資人一般積極參與被投資企業的經營管理，提供增值服務；
5. 除了種子期（seed stage）融資外，風險投資人一般也對獲投資企業以後各發展階段的融資需求予以滿足。

由於投資目的是追求超額回報，當獲投資企業增值後，風險投資人會通過上市、收購兼併或其它股權轉讓方式撤出資本，實現增值。

在此特別提醒香港的青年創業家，股權投資不是著意和初創企業長相廝守，亦不是期望每年分取營運上的紅利，而是希望在三五年間可以退出，賺取豐厚利潤。所以在路演時一定要關注這些投資人的需要及期望，你的產品就算賣得多好，公司營運利潤有大多潛力，都不是他們關注的唯一重點。青年創業家應該好好思考企業五年後可讓這些投資人賺取到多少市值上的增長，這才是他們必須清楚了解的。

9 新浪財經（2021）。〈2021 年私募總規模達 19.76 萬億證券私募基金增長最迅猛〉。取自：https://finance.sina.com.cn/money/fund/jjyj/2022-01-15/doc-ikyammmz5286743.shtml。

10 中國證券投資基金業協會（2020）。〈2020 年私募基金統計分析簡報〉。取自：https://www.amac.org.cn/researchstatistics/report/zgsmjjhysjbg/202106/P020210625357218469626.pdf。

11 清華五道口（2014）。〈風險投資背景與公司 IPO：市場表現與內在機理〉。取自：http://www.pbcsf.tsinghua.edu.cn。

中國投資（指私募基金中的股權 / 風險投資基金）

生態圈的特色

當香港的青年創業家明白中國粵港澳大灣區，這個足以影響未來世界經濟的火車頭，就算是在不同的文化背景下，陌生人都可以容易溝通，更容易感受或者體會他們的文化喜愛，知彼知己，無往不利，在漫長的投資路上更容易往前走下去。

在我 10 年的中國投資生涯中，我常常發覺中國的股權 / 風險投資公司的專業人才是最聰明的，亦是最辛苦的，他們可以日行千里，不眠不休。工作上沒有小路捷徑可走，不可能躲懶，不可能不學習最新知識。所有投資機構決定投資專案之前，都需要草擬一份投資分析報告，交給投資委員會投票。投資報告往往需要幾萬字，要求字字不虛，有數據、有理據，才能完成一份「沒有最好、只有更好」的投資方案。他們往往是在投資生態圈中是最積極、最有推展事項能力的，情商及智商是最高的，也最願意和政府及其他投資公司成為朋友，互相學習及交流訊息，並會一齊攜手合作完成一個出色的投資。我發現他們成功通常有三個主要因素 [12]：

1. 時刻留意中國市場的推動、保持專注、不要盲目；
2. 選擇一個正確的領域，然後始終保持專注；
3. 考量團隊能力、資源以及對投資方向等因素。對基金來講，最重要的是有自己的戰略，對基金的行業配置、投資組合做出前瞻性的判斷。

以下幾點是我從旁觀察中，領略到中國投資（指私募基金中的股權 / 風險投資基金）行業生態圈的一些體會：

❶ 獨有的公私型合作
接力賽跑文化

中國獨特的政府引導基金設立都是以說明初創企業成長為主要目的，《2019 年中國政府引導基金發展研究報告》[13] 顯示，截至 2019 上半年，國內共設立政府引導基金 1,686 隻，基金目標總規模為 10.12 萬億元，已到位資金規模為 4.13 萬億元。而且，他們往往都會配合許多優惠政策及資源以協助初創企業迅速成長。我碰過不少地方政府，為了配合和吸引投資活動，會定期召開不同的投資推廣會，我參加過的不下百次了，規模大的有過百間公司的參與，舉辦期可能是三天兩夜，當中包括專題演講及各分享會等等。又或者定期舉辦半天的「沙龍」聚會，快速地對接項目及資金。更甚者有些地方會設立「金融超級市場」的場所，方便投資者和創業家對接。這些公開活動的目的都是將初創企業及相關的投資者拉攏在一起，政府不只是活動的舉辦者，更贊助所有活動的支出，更是樂意與私營的投資人，一起投資有潛力的初創企業上。

政府的全程投入，並不是因為可以賺取可觀的投資收入，而是當投資成功後，項目落戶在政府的管轄範圍內，啟動了「直升機經濟」。「直升機經濟」是指某些初創企業落戶後，會聘請一批大學畢業生作為企業骨幹。這批大學畢業生便會定居於一個城市結婚生子，該城市的經濟慢慢變得活躍，需求大量的房屋、汽車、醫療、保險、教育及文化娛樂等等，百業興旺，蓬勃發展。政府當中能繳納稅收受益，而且還可以留住人才，對往後的繼續發展是有一個決定性的策略。就像是一架直升機能高速的原地往上升起一樣。

政府的引導基金通常是不會直接投資在初創企業上的，往往都是透過參加私募基金與社會出資人一起出資。政府就是希望透過投資行業上的專家和市場力量，發揮專業的眼光判斷初創企業的發展潛力，政府善用專業管理的投資基金，共同承擔風險，發揮「放大器」的力量，共同發揮公私營合作的強大力量。

香港青年創業家要去平衡兩個不同投資者的目的，需要更大的能力和創意想像空間。

❷ 普通人
不一樣的投資目光

「寧買當頭起、朝種樹，晚『鋸』板」，這些快速的盈利模式不是風險投資公司的策略。他們在時間上的設定是三至五年的周期。首先，風險投資公司是基於一個長期觀點來看企業的發展，不是用短期的套利來發展。比如，在智能時代有很多企業會走過非常漫長的發展階段，這當中需要有耐心的、抱著長遠觀點的投資人和創業者一起走過。在相當長的時間裡面，追求利潤不是公司主要的目的，佔據市場同時能夠不斷打造出新的產品領域，才是公司應該真正關注的。

其次，在智能時代的例子中，好的資本一定不是純粹的金融投資者，而是戰略投資人，最好的投資人應該是懂產業的投資人。今天的產業細分愈來愈重要，在每個細分領域中，作為投資人都必須成為這個行業中的專家，成為真正能夠幫到創業者的投資人。 如果沒有這樣的產業背景，沒有辦法對產業有全面的布局和觀點，這樣的投資人也沒辦法真正幫助創業者完成戰略使命。這種戰略角度是每一個好的投資人必須要有的素質。

第三，一個好的資本或投資人，應該具有國際視野，必須是國際化的投資人，這樣才能帶領公司邁向國際化。今天，很難再去區分創業企業是中國企業、美國企業，還是印度企業。很多企業在第一天就已經將全球化作為重要關注點，這個全球化不僅是他的產品設計和市場推廣能力，更重要是他的創業視野的全球化。

香港青年創業家，你們三年後能帶給投資人甚麼？

❸ 風險投資公司心儀項目
必備的條件

風險投資公司選專案有六條祕訣，分別是人、模式、執行力、客單量、效率和數據。創業者說能賺多少盈利並不是在這必須條件下。創始人和團隊的能力很重要，但更重要的是人要靠譜、誠信，不要「忽悠」（即香港人說「老點」）投資人。因為只有這六個條件，企業才能走得更遠更快。執行力是決定創業公司在初創期後能否融到投資的關鍵節點，因為沒有執行力，所有的意念（idea）、所有的遠景目標都是空談。

如果你要創業或是正在創業，請一定找一個執行力強大的合伙人。還有足夠的客單量，之前所有的因素都會在客單量上表現，例如團隊、模式、執行力等，而這個時候只要客單量足夠，融資就不成問題。

在創業者能力和創業者精神的選擇上，大多優先選擇創業者精神，只有創業者有真正的品質和美德，他的能力才能夠得以發揮，否則可能會被濫用。有些創業者僅僅為了上市、賺錢而創業，但我們更欣賞的創業動機是希望創造一種產品和服務滿足某種需求，解決某個問題，其動力源自好奇心和使命感。判斷一個創業者不僅要看能力，還要看他（她）是否具備正能量。

香港青年創業家，你清楚知道自己的品質和美德嗎？

④ 國家政策引領「風口」項目
投資機遇不斷

風口論起源於「站在颱風口，豬都能飛上天」。說的就是在互聯網潮流下，人們的生活的各個方面因此改變。創業者迅速積累起財富。小米 CEO 雷軍就曾經說過 [14]：「創業，就是要找到風口，趕到風口上，豬也會飛。」

在中國的計劃經濟下，國家往往推出一些能帶動國家未來經濟發展的新政策，確保國家的經濟發展穩步向前。觸覺敏銳的投資機構，便會按著國家的政策走，希望捷足先登，能夠挑選到合適國家政策下不同階段的創新企業進行投資，為未來帶來的可觀收入。比如前兩年政策鼓勵電動車，購置電動車及營運電動車的成本變得很低，很多人用電動車做滴滴（租車接載服務），低成本高效益，賺了一筆。再比如水泥行業，因為國家對於環保的重視，不再審批新礦山並且限制產能，行業一下子就從嚴重供過於求，變成了供不應求，做水泥的企業大賺一筆。

另一類的風口是時代造就的。偉大的時代造就偉大的企業。我國加入世貿組織的時候，對外出口劇增，這個時候航運業迎來了騰飛，三年十倍股比比皆是，近年來近視人群大增，以預防近視、治療近視為業務的企業獲得迅猛發展，類似的案例有很多，每個時代都有自己的特色，有著特殊、社會性的強大需求，這種需求，一般對應著供不應求，這種行業就是獲得紅利的機會。

投資公司往往在這類風口上一擁而上大力的去發掘及投資，大家的競爭力都是在估值上的提高，誘發企業收取投資。投資公司亦十分自豪可以投到風口上的專案，因為大多數投資公司都認為，此類專案一定帶來名利雙收的好結果。

香港青年創業家，你有留意國家政策嗎？你的創業眼光能否配合國家的政策嗎？你的企業是在國家「風口」中，還是只是一頭會飛真正的豬？

最後，我在上面指出的幾個特色，都是憑我個人觀察和其他朋友交流中領會的，並沒有科學的統計，或者有專家的研究支援而作出的結論。作為一位香港青年創業家，你有多少項能夠滿足投資人的口味？這些基本的共同話題，可能你會覺得不重要，你認為投資人只想找到賺錢的項目，話不投機在中國投資人眼中基本上是一個缺陷，肯定會影響他們的決定，因為投資人覺得和你溝通很有隔膜。這個盲點我要提醒一下，在茫茫大海中，一位投資總監一天大概平均收到超 20 個項目的資料，如果你是一位投資總監，你會先選容易溝通的項目，還是捨易取難呢？投資人的時間也是有限的，「時間就是金錢」在他們身上完全體現出來。請香港青年創業家好好調整一下你的募資材料。

我們投資人常常來比喻創業者是開車的，投資人是坐在旁邊副駕駛上看地圖的，會幫創業者出謀劃策。雖然沒有開車刺激，但也有成就感。投資領域的合作遠多於競爭。創業公司必須有自己的主張及膽量，也要有獨立的能力，但是投資人之間的合作也很多。在不同階段需要幫助創業公司成長，需要不同投資背景的人協助把賽道走完。

12 騰訊網 (2020)。〈沈南鵬自述：我投資成功的三個因素〉。
    取自：https://new.qq.com/omn/20200430/20200430A0AODW00.html。
13 百度文庫 (無日期)。〈盤點中國政府產業引導基金 (附國家級政府引導基金簡介)〉。
    取自：https://wenku.baidu.com/view/d592236b2d3f5727a5e9856a561252d380eb209a.html。
14 人民網 (2015)。〈李彥宏馬化騰激辯「風口論」〉。
    取自：http://it.people.com.cn/BIG5/n/2015/0323/c1009-26733041.html

" 在此特別提醒香港的青年創業家,股權投資不是著意和初創企業
長相廝守,亦不是期望每年分取營運上的紅利,而是希望
在三五年間可以退出,賺取豐厚利潤。 "

我剛結束電話會議，見到春春來了個訪客 Amanda，是她的前領導。兩人閒聊了 12 分鐘。Amanda 坐在不遠處，手中拿著紅杯，春春站在她旁。Amanda 突然從袋中拿出女裝白色高跟皮鞋，馬上試穿，還要向春春展示一下美態。她補充說：「皮鞋是西班牙生產，意大利設計師出品，如果你要，給你半價優惠，保證全間 café 你最搶眼。」春春想著：在這上班不用穿高跟鞋的。原來皮鞋買賣是 Amanda 的個人生意，她除了在一所三星米芝蓮級飲食集團任職總經理，更願意花時間在自己的業務上——看來最近的經濟大環境對她產生頗大的負面影響，現在凡事都要自己親力親為。

Amanda 很瀟灑地說，公司意大利籍的米芝蓮星級大廚 Gino，正在忙於籌備月餅節日食品，專供應給各大五星酒店銷售，她還以 8,000 盒作為銷售目標，主席聽到之後十分雀躍；其他細節包括客戶需要甚麼口味、挑選生產供應商、包裝設計、運輸和客服這些零碎事情，她全交給大廚們各自去忙了，不再理了。她旗下的團隊真是「快、狠、準」。春春疑惑一下，問 Amanda：「市場需要你家的月餅嗎？」Amanda 好像沒有聽到並繼續說：「其實，坦白說，這個推廣背後的意思是公司極需要找到 2、3 千萬現金流回來，集團營運已經到了水深火熱的階段了。主席他們要求做的募集資金工作已經全做完了。」Amanda 剛剛做了一份 30 頁紙的簡報，還給一位酒店業主代表老朋友做了一個兩小時介紹，希望找到現金流回來，勉強可以發大家工資，「我也要吃飯的！」Amanda 認真地說。簡報上清楚寫了 3 個不同餐飲業務的發展方向，有「五星級意大利麵快餐車」、「節日食品」，還有「gelato 零售」。

Amanda 說：「我真的很欣賞自己，你看我的創意是不是很屬害？我清楚列出銷售金額、毛利率、宣傳推廣活動、整體成本，利潤率有 8%，錢一定賺到，易如反掌。我再三核對了內容，確保計算上沒有錯誤。」春春接著問：「是募集資金，不是發展業務啊。」 Amanda 馬上回應：「就是要

有好的業績預期才能吸引投資人，把該說的說了，要做的已經做完了，聽得明白不明白，應是他們的責任吧。」春春冷冷地說：「是的，你一直都是這樣處理工作的。」Amanda 也如過往一樣說著：「如今當總經理真是不容易啊！加上募集資金這個工作，難上加難了，白頭髮也多生幾根了。」

Amanda 繼續欣賞自己，特別是腳上的白色女裝高跟鞋。

Herbert 送上麵包師阿天自家製造的新口味曲奇並說道：「30 頁的簡報籌募 3,000 萬元，每頁 100 萬，真的是『字字千金』！你說盡你想要做的事，但投資人不明白，那還說要打動別人，說了也是白說，浪費了的不只是時間，投資人肯定也不會再給你第二次機會的，募資成功機會更是渺茫……」Herbert 今天說的話挺多了。我稱讚曲奇的新口味不錯，Spenser 感動地點頭。曲奇的香味縈繞心頭，我和麵包師阿天有了共鳴。正回味之際，我身旁出現一對年青男女，男的對著女的說：「我一直都很愛你，我很愛你，更大大聲的說，我愛你，I love you ！！！」他正期待著女的回話，但是只換來沉默。男的追著說：「難道我做了這麼多你還不明白我……」

如果說了就是溝通了，大聲疾呼就一定是良好溝通吧！但人生故事千百種，你我的起承傳合人生過程也各有不同，你憑甚麼打動別人引起共鳴？我想起了一句話，裝睡的人是叫不醒的！Amanda 你想要醒醒嗎？

第 4 章 ／ 募資難？——盲點 1.2 投資者你聽懂嗎？

投資者所有的決定都是有一個系統或者是一個流程，基本上和金額大小無關。

人與人中間的溝通是建立相互關係的其中一個重要環節，希望有良好的溝通可能是人和動物其中的一個分別。我們常常聽得很清楚有人會說：「你們溝通不足，容易產生問題。」本書的核心，就是介紹創業家和投資者相互溝通的重點技巧。溝通不足，投資者當然不會有投資給你的決定，這些決定往往跟金額的大小毫無關係。難道說，金額小，投資者就會隨便投資？金額大，投資者就會多問幾個問題或者考量多幾天？我相信這個謬誤通常都會在一些青年創業家當中存在的，以下章節將詳細分析說明。強調一點，我不是說有了良好的溝通，便會使募集資金的工作變得容易，資金源源不斷追著你。我只是想表達，沒有良好的溝通就不能打動投資人，後面的事就免談了。正如某一套香港電影裡有一句很好的說話，「你『怯』就輸足一世，現在上台，仲有機會贏。」。

其實，投資者所有的決定都是有一個系統或者是一個流程，基本上和金額大小無關。在我的日常工作中，創業者和投資者溝通的第一步往往都會出現在路演的活動當中。企業的路演往往只得 10 至 15 分鐘時間，創業者一定要好好把握這個短短 10 至 15 分鐘的機會。我常常把路演比喻為小孩子跟父母要求零用錢一樣，小孩開口說我要買運動鞋，能不能給我 500 元？父母的即時反應就是為甚麼要買？在哪裡買？買哪個？後面還有一大堆的問題。請大家看看，500 元的要求，後面都帶著超過十個八個的問題，小孩是不是把話說得清楚就等於得到父母 500 元的零用錢？

話說回來，創業家動輒需要投資者幾千萬的投資，溝通是不是把你想說的說完，或者是把話說得清楚就是那麼簡單嗎？是不是在路演當中重複又重複的說，我很愛我的工作、我很願意為我的夢想犧牲、我願意全程投入等等，這就是溝通嗎？又或者是另一個極端，創業家往往將自己變為一個超級銷售員，把所有銷售產品的技巧都展示出來，說得天花亂墜，正如我們

在路邊常常聽到的一句話，「行過路過不要錯過」，常常提著我的產品價廉物美，我能夠做到薄利多銷等等，用這種模式的銷售技巧。我不是說他們錯，我只是覺得他們找錯對象，投資者不是你們產品的顧客和用家，你只是在說產品的特性和功能，這些都不會給投資人一個可以做決定的數據或者資訊。

在我的專業知識裡，把溝通的定位為「打動投資人」，就是去講一個故事，就是說一個動聽的故事去打動投資人。一個動人的故事，通常都會有起承轉合，峰迴路轉的結構。故事當中的人物和環境都不是很重要，最重要的是在故事背後帶出來的訊息能去感染觀眾，帶動著觀眾的情緒。這個訊息就是我在上面提出過的四個一切基礎問題的答案。就正如你剛剛有一個心儀的對象，你不懂得好好和他溝通，但是你整天只會跟他說我很愛你啊，你覺得這能打動對方嗎？

我不是提議你們，馬上去憑空編一個故事出來，我只是想你們清楚知道就是在路演的過程中得到投資者的認可，相信你、相信你的企業，更相信你的夢想就是他們認同的夢想。我提議創業家都去想一想，令投資人決定投資給你的是一個結果，而不是你溝通的目標。重複再說一次，簡單來說，你的路演目標是去打動投資者。如果大家有機會看過美國一個電視節目，一個真人實境節目《Sharks》（鯊魚），在美國投資人往往被形容為是一條鯊魚，因為鯊魚往往會追著血的來源去爭取獵物，正如美國的投資人一樣，哪裡見到可以投資的好項目他們會競爭著去做。節目內容主要介紹初創企業在節目中遇到投資人，讓觀眾了解他們怎樣去取得投資。節目內的創業家，往往都是把自己的熱誠、熱血表達出來，甚至把自己說得很悽慘，沒有最新的一輪投資，他的企業便要關門，他的女兒就會很傷心，然後一單接一單悲情事件發生。他們往往都是把自己矮化，乞求投資人出資，結局是怎樣大家都可以預期，投資人不會把自己的資金拿出來做善事幫你，他們愈是專業，就愈知道不能犯這個錯誤。

在路演的過程中得到投資者的認可，相信你、相信你的企業，
更相信你的夢想就是他們認同的夢想。

所以，我在這裡特別提點香港青年創業家，千萬不要矮化自己，你去做路演不是乞求別人的幫助，你是去說一個動人故事，你是去幫助投資人賺錢的。我提議大家有時間去 YouTube 參考一下，美國的前總統奧巴馬是如何打動選民來投他一票。觀摩學習一下 Apple 的 Steve Jobs，是如何說蘋果的未來，如何吸引懷著同樣價值觀的客戶身體力行搶購蘋果產品。再可以去參考 Tesla 的 Elon Musk，他是怎樣去打動顧客變成投資人。你再看看近期我們的國家主席在一百周年共產黨慶祝會上，是如何打動全世界。這些具有影響力的人，他們都是透過溝通、說故事來打動別人，成功打動人才能說服人，別人才願意跟著你走並且願意與你同坐一條船。

如果你覺得你個人基本溝通能力有不足，會影響你說故事的能力。我就請你先想一想怎去改善溝通能力，而不是怎樣去籌劃募資行動，最簡單的方法就是去圖書館多看幾本關於提升溝通能力的書，這樣你就開始提升自己說動人故事的能力了。我在此只簡單歸納了一些能幫助提升個人溝通能力的簡單技巧，大家不妨先參考一下。

1. 口頭表達和書面表達清楚，有效率；
2. 專心傾聽、正確解讀對方的意思，同時做出適當的回應；
3. 雙向交流，問問題和表現出你的興趣；
4. 面對不同的交流對象，調整使用的語言、語調和方式等；
5. 交流、共用資訊時表現出開放的態度。

以上的幾個簡單技巧，意思都很直接，我在此不再詳細重複一次的去解釋，大家找找其他書本學習，更容易了解及掌握溝通的技巧。我們亦不應假設，投資人甚麼都懂、甚麼都知道，更不能假設投資人很了解創業家的文化和背景，這些假設往往都會阻礙溝通。我特別在後面的章節針對著路演時，香港青年企業家和大灣區內投資者的溝通提出一些建議。

在創業家和投資者準備開始溝通之前，我想指出一些大灣區投資者的特色，讓讀者明白這些特色之後，相對地要做一些調整。我不是從社會學的角度去指出，中港兩地的不一樣，我是從我碰到不同合作伙伴，相互磨合後發現的幾個特殊現象，再引用不同國內作者的書籍，有層次地一一表達出來。所以下面的幾處「不同地方」，絕不是科學的調查或推論，純屬個人感受，分享一下我個人在中國 10 年的領會。

❶ 文化背景的
不同[15]

《中國大百科全書》中提及文化的定義是指甚麼？廣義的文化是指人類創造的一切物質產品和精神產品的總和。狹義的文化專指語言、文學、藝術及一切意識形態在內的產品。在中國的古籍中，「文」不只是文字、文章、文采，亦指禮樂制度、法律條文等。化是「教化」、「教行」的意思。從社會自理角度而言，文化是指以禮樂制度教化百姓。

文化一詞在西方來源於拉丁文「cultura」，原意是指農耕及對植物的培養。直至 15 世紀以後，逐漸引伸使用，把對人的品德和能力的培養也稱之為文化。於 20 世紀 30 年代《文化論》一書中，認為文化是指一群傳統的器物、貨品、技術、思想、習慣及價值而言的，這概念包容著及調節著一切社會科學。用結構功能的觀點來研究文化是英國人類學的一個傳統。英國人類學家阿弗列・芮克里夫布朗認為，文化是一定的社會群體或社會階級與他人的接觸交往中獲得知識、技能、體驗、觀念、信仰和情操的過程。

香港獨有的文化我不在此多說，扼要地說，香港是從漁村港口發展對外貿易開始的，而中國傳統文化產生的背景簡單的說地理環境（暖溫帶大陸型國家）；經濟基礎（是以農業為主、自給自足的自然經濟）；社會組織（是血緣宗法制）。這三者共同構成了中國文化的根基，決定了中國文化的類型，使中國文化獨具特色，兩地文化之育成是大相徑庭的。

文化是要給尊重的，但此書不是社會學書籍，所以不會在此詳細分析及說明文化的定義。我只是想提出一個觀點，不同文化背景，根本上就對「文化」這兩個字就有不同的定論或者定義。文化不會是高低或者是錯對的分別，只是喜歡或者接受，是需要融合的。因為每個文化背後，都有漫長不同的演變過程，在世界上扮演著不同的角色。

不論主觀或客觀的事實上，香港青年創業家和粵港澳大灣區中的投資者，是有根本上的文化差異。如何收窄這個差異，或者是求同存異，這才是重點，我沒有意圖指出，中港文化差異的矛盾，我只是想帶出青年創業家要有一個清晰的概念，不是每一個投資者都了解香港文化，或者很了解香港青年創業家的心思和背景文化。更重要的是，大灣區內的投資者是沒有義務要主動去改善溝通，或者去了解香港的青年創業家。反而，我覺得是香港青年創業家，要有很強的主動性及靈活性，更要有高智商和情商，曉得尊重別人的文化、融合別人的文化。這樣，香港青年創業家，不論走到天涯海角，為了自己企業募資，就算是要面對不同文化背景的投資人，都應該學會面面俱圓、左右逢源，才能達到成功募資的第一步。

要突破文化上的差異，我提議香港的青年創業家真的是要多層次、全面、親自去接觸內地文化，別人說的可作參考。我德國的團隊曾經有一個青年，他從來沒有來過中國，他的想法是別人說的，是別人的感受，他自己提議親身來中國體驗及了解中國的文化。另外，我還記得我出發第一天去蘇州工作的情景，當天下著毛毛細雨，我在高鐵站跟出租車司機說我的目的地，當然他是聽不懂，因為我的普通話只有我自己聽得懂，但是我沒有放棄。我知道我要在工作上做得出色，首先是要和當地融合，先學會當地的語言，再接受當地的文化。

我可以和你們分享一個真實故事，我初到蘇州時，馬上被指派要去做一個15 分鐘的演講，我當時只有五天時間準備，最困難的是我要用普通話去演講。我只好硬著頭皮，把自己鎖在酒店房間三日三夜，先用香港式的中文，把所表達的內容詳細記錄下來，然後一字一字去學習用普通話表達出來，最後再努力練習發音。努力了三天之後在演講前的一天，邀請我內地的同事，從頭聽一次我的演講，然後一字一字的指正我，這個學習過程我畢生難忘。演講後的評語當然是……但整個練習過程中，我身邊的同事

> 青年創業家要有一個清晰的概念，不是每一個投資者都了解
> 香港文化，或者很了解香港青年創業家的心思和背景文化。

知道我辦事認真的程度，他們每一個人都很佩服我，因為他們知道我真的是很努力融合在他們的文化當中。我在他們中間慢慢建立了專業的形象，這樣對我來說，當然是一個好事。

過去 10 年，我在內地工作和生活，對內地朋友或者同事的了解只是皮毛，很多時在一些簡單的會議上，我都覺得大家的重點都不一樣，大家的理解都不一樣。所以，我提議香港的青年創業家一定要有親身的經歷，在多尊重別人文化的大前提下，多看內地的文藝作品，多和內地的不同階層人士溝通，多看內地發生的事情。我強調的是，我不是來推銷粵港澳大灣區或硬推香港的青年移居至大灣區生活。我只是提議香港青年創業家有了親身的感受後，他們自己能下一個判斷，了解自己是否適合在大灣區內取得投資。

15　百度文庫（無日期）。〈文化的定義是甚麼？〉。取自：https://wenku.baidu.com/view/14a59529af aad1f34693daef5ef7ba0d4b736d6f.html
http://cel.cssn.cn/mzwxbk/phxk/201609/t20160919_3206126.shtml。

❷ 邏輯思考上的
不同

首先聲明一下，我在這裡不是說我有多優秀，或者是說香港人有多厲害，我只是想提出中國人的一些思考邏輯，作為自小從西方教育中成長的香港人，日後如果要融合或者是要在大灣區內合作，相互包容及理解是必須的。

我借助近代中國著名學者宋懷常先生的觀點，去說明一下，中國人邏輯思考中獨特之處。宋先生在其著作《中國人的思維危機──中國教育扼殺了中國人的思維能力》裡指出了中國人思維的「五大邏輯缺陷」（本人稱之為「邏輯不同」），「……使中國思維傾向於表面化、片面化、簡單化、情緒化，缺乏邏輯、缺乏理性」。 我嘗試簡單的按宋先生所指的「邏輯缺陷」，再加上我個人的經驗跟大家分享。

(一) 概念模糊
概念是思維的基本元素，而中國人對於概念的定義一向是模糊的。當人們討論某個問題時，首先要有明確概念。如果對於概念的理解都不一致，那麼後面的問題就沒法討論了，討論下去也沒有意義，因為他們所談的是不同的東西，結果就是南轅北轍！舉一個例子，經濟學家陳志武在《中國人為甚麼勤勞而不富有》一書中講過這樣一件事，中國在加入世界貿易組織時，提出的很多條款都是籠統和模糊的，比如美國應該為中國培養更多的管理人才。甚麼叫應該？甚麼叫更多？甚麼叫管理人才？怎麼樣算培養？每一項都是模糊的，雙方都難以執行，美國完全可以不認帳，應該做的事情，不做也可以啊。出現這種情況，便是思維能力不足造成的，缺乏嚴謹的法治思維，概念模糊。

再用另一個例子，香港常見的商業合約，首先都是解釋所有內容相關重要字的定義，但這個文化在中國的合約中比較罕見。中國一般簡單的商業合約簡單來說，首要的是把「經過互相協商，達成一致協議」等句子為開始。

當中牽涉到的定義，便會用日常理解去解釋合約原文，除非是在特別重要的法律合約。

(二) 集合概念與非集合概念

中國人的集體觀念比較強，這就產生一個普遍現象：對於中國人來說，批評個人往往就等於批評集體，批評集體就等於批評集體裡的每一個人。這就是集合概念錯誤。實際上，說某個群體具有一個特點的時候，不代表這個群體中的每一個個體都具有這個特點。我在這裡談到中國人缺乏思辨力，這裡的中國人是集合概念，並不是說每個中國人都是如此。舉個例子，黎鳴先生寫過《中國人為甚麼這麼愚蠢？》等文章，很多中國人對他都很不滿，說按照黎鳴先生的觀點，黎鳴先生也很愚蠢，因為他也是中國人。這種結論，反映的也是此類邏輯謬誤。

(三) 類比推理，生拉硬扯

我們常說的一些言語，比如「兒子不嫌母醜，狗不嫌家貧」、「蒼蠅不叮無縫的蛋」等等，都是用類比推理來說明，但這些話真的是很有道理嗎？母親醜不醜，都是母親。狗主家庭窮不窮，這頭狗不需要懂。這些類比，我覺得不要太認真看待，過多地使用類比，說明一些人的抽象思維能力較差，不善於通過概念、定義、判斷、推理等形式，進行嚴謹的論證。不用類比，他們便不知道如何去說明一個道理了。

(四) 非黑即白，二元思維

朗咸平在某大學演說中說，我們的企業不要追求做大、做強。大學的高材生就問他：「難道要做小、做弱嗎？」這種是推論錯誤，不要追求做大、做強並不一定就是做小、做弱。這就是典型的二元思維、好壞人思維、非黑即白思維。這種思維，只看到了事物相反的兩面或兩端，忽視了其他方面和兩個極端之間的中間情況，而其他方面的可能性也很多，中間情況也往往是最普通的。二元思維是中國人常見的思維。在對待歷史問題上，中國

人的這種思維比較明顯，很多中國人把歷史人物分成明顯的好與壞兩類，將好的神聖化，例如孔子、孟子、唐太宗和諸葛亮等；將壞的妖魔化，所以奸臣、暴君等就一無是處。這種思維是片面的，沒有認清人性的複雜性與多面性。

（五）亂立靶子，錯誤推理

我們在與人的討論中有時會發現這種現況；你說的明明不是這個意思，但某人卻認為你就是這個意思，然後，他根據這個錯誤的理解對你進行批駁。對於這種行為，有人給了一個形象的例子：他自己樹立了一個靶子，卻說是別人的靶子，然後對著這個靶子進行猛烈攻擊。社會學家李銀河曾多次談到同性戀的問題，引起不少人的攻擊。有人在網上評論說：「我是位醫學院的教授，我認為同性戀不宜提倡」。這裡面有明顯的邏輯錯誤，他作出了錯誤的推論。因為李銀河從來沒有說過要提倡同性戀，只是說政府和公眾要正視，不要裝作視而不見而已。

在我工作中，常常碰到以上的思維模式，尤其是在一些頭腦風暴（brain storming）會議中，或是在合約談判的時候，我覺得需要釐清一些重要的項目，其他同事往往覺得這是普通日常常識吧！我提議香港青年創業家，不要一切以為理所當然，你所要的不會等於人家所要的；你認知的，不等同人家認知的。就正如別人理解的，和你的是南轅北轍，不要把你認為正常的，都假設為在其他地方一樣的正常，要清楚正確、精準的表達你的要求和理解，再反覆提問和對方核對，確保大家理解一致。

> 不要把你認為正常的，都假設為在其他地方一樣的正常，要清楚正確、精準的表達你的要求和理解，再反覆提問和對方核對，確保大家理解一致。

❸ 表達方式的
不同

在中國社會裡，中國朋友說話通常很節制，不會無所顧忌說真話。因為「逢人只說三分話，未可全拋一片心」是中國人的處事哲學。比如我們對某位公司的領導有點不滿，在表達意見的時候，我們不能把這種情緒帶出來，因為我們要尊重上級。這不叫撒謊，這叫節制。是甚麼身分就要說符合該身分的話，這涉及中國文化。在很多人看來，中國人說話會更婉轉，有更多的修辭，不會像西方人想說甚麼就直截了當。這兩者表達方式沒有好壞之分，而中西方文化沒有高低之別。

我和內地的同事或朋友交流時，常常聽到一些話讓我覺得很奇怪，但當我聽得多、見得多、想得多之後，我就會有多一點理解了。中國人在表達意見時經常使用「但是」，就是正反意見或者是不同意見都一齊表達。你一定會聽過他們常常說「甚麼甚麼是優點，但是同時也是缺點」的觀點吧，他們不會覺得是矛盾，反而覺得是一個全面的說法。我覺得他們只是運用了不同的思考方法。還有，他們在討論過程中「愛插話」，我覺得這樣比較會混亂，很難兼顧，但是他們覺得這才是熱鬧討論的一個重點。

又或者，當你問到其他員工一些工作上的事情時，他們一定會說「不知道」，所以你就要轉一個問問題的方式。用「你為甚麼這樣做？」、「何解會有這個情況？」，在日常交往當中，我都會聽到一些話是「比較負面」的。我有一次去探訪一個同事的新居所，在香港人眼中這已經是一個很好的安樂窩，其他到場朋友會說「這個房子有個甚麼甚麼（游泳池）就更好了！」，我覺得他們不是想要個泳池，只是不懂得怎去讚賞眼前有的，把「沒有的」放大了。有些時候我去做演講，結束時他們每一個都是「面無表情，沒反應，沉默不語」，其實，他是等著你問他問題的。如果有時候你發現他們「目光斜視，心不在焉」，他們其實可能在思考，在學習中。

當你們和內地的朋友接觸多了之後，你就會發現投資者的表達方式可能和你心目中預期的不一樣，甚至乎他們問的問題你都搞不清楚（這仍然是在我日常生活中要面對的），但是他們仍然在表達他們的想法。問題是你是否理解他們的表達方式。不要因為他們表達方式你不理解，而影響了對他們願意溝通的心態。有時候他們的用字有他們既有的特別意思，同一個字表達可能和我們香港的意思有出入。有時候我在內地被人稱呼做「師傅」，我顯然不是他們的「師傅」，這是一般老百姓尊重你的稱呼，覺得你有文化的就稱呼你做「老師」，彰顯你的文化水平而已。「師傅」兩個字在香港眼中可能沒有特別之處，其實在國內是一個比較尊重他人的稱呼。

66

投資者的表達方式可能和你心目中預期的不一樣，甚至乎他們問的問題你都搞不清楚，但是他們仍然在表達他們的想法。問題是你是否理解他們的表達方式。不要因為他們表達方式你不理解，而影響了對他們願意溝通的心態。

99

❹ 各投資者追求的
目標不同

在中國內地或者粵港澳大灣區內，投資者往往都會分成兩大類。第一類是政府相關的部門，負責投放引導基金的，簡單稱之為政府出資單位。第二類就是一般社會上的投資公司，我們稱之為社會出資人。

第一類的政府出資單位，他們投資的目的，往往不是單獨為了賺取利潤，甚至乎，可能在沒有豐厚利潤環境下，也會投資給初創企業。他們更大的目的，是希望可以把初創企業留在他們管轄的社區中。初創企業落地後，為當地帶來就業機會，青年大學生可以留下來發展，一切經濟活動慢慢增長，加速 GDP 成長。比如購買房屋、汽車、結婚生子、有教育醫療的需求等等。這些經濟上的增長，我稱之為「直升機效應」經濟，在原有的位置上一直往上快速提升高度。政府出資單位的投資決定，往往取決於初創企業是否滿足他們這個「直升機效應」需求。

第二類的社會出資人，基本上全世界都一樣，希望在你的初創企業上，從投資到退出，賺取合理的利潤。

香港青年創業家，要檢視一下自己，是否適合政府出資單位的要求，通常社會出資人，很歡迎初創企業收到政府引導基金的投資，因為初創企業一定受到當地政府大力支持，呵護備至的照顧及資源上的配合，初創企業的前期發展會比較順暢，後期的增長會比較快速。

你說了，但投資人聽懂嗎？你有好好想想投資人的角度，他們要聽到甚麼嗎？香港的青年創業家仍是按自己的角度為出發點嗎？你是想把你想說的話說完？你會用投資人的理解能力做出發點嗎？你會考慮投資者的角度，清楚了解你在說甚麼嗎？你是用廣東話做溝通語言，還是用普通話呢？我覺得香港的青年創業家，需要再調整一下，和大灣區內的投資者溝通時，除了一定程度的普通話水平外，大家可以考慮下頁的提議，協助你去收窄創業家和投資者的各種不同。

1. 英文詞彙應只可在專業的名詞上出現，讓雙方容易理解。學習和多用一些投資人明白的詞彙，其實就是要多閱讀及參考其他中國企業家募資的文章，學會他們的演講過程及用字，提升自己表達能力，減少一些可能造成「誤解」的風險。內地投資人文化水平高的一般都懂英文，但字裡行間的意思，他們可能理解較慢或者有偏差。

2. 香港青年創業家要傾盡全力不斷提高自己的質素，包括多種語言能力、高情商等，這樣便能駕馭一些突如其來文化差異中產生的「驚喜」。那情商智商等是怎樣來的，不是請大家回校重新讀一次大學，而是要透過不斷的學習和閱讀，學會其他創業家是怎樣處理事情，學會他們怎樣去理解一個困難。一句簡單的話就是「機會永遠留給有準備的人」。

3. 要有提出好問題的能力，即是用不同的高層次問題去溝通，從而找到所需的答案，找到一些更深入的了解。多用一些為甚麼？憑甚麼？何解？等字眼。低層次的用二選一的問題可以刪除。低層次的問題，只會找到低層次的答案。

4. 尊重別人的文化，即是不主觀的批評，文化相互上的交流可以虛心的請教學習，切忌妄下判斷。遇到不清晰的，先請教、後了解、再判斷。所以，嘴巴不能放在腦袋前邊，學會先聆聽，幾經思考慢慢作出定論，在合適的場合說合適的話。

5. 特別要清楚因果關係（causal relationship），不是佛教上所指的。相互關係（correlations）等邏輯上的思考系統方法。然後清楚地羅列出各種不同的情況等，逐一說明清楚，帶領著討論的過程。比如，我見過一個新聞報道說，中國的交通事故當中，黑色汽車排行第一，比白色汽車高大概 12%，所以如果不想容易牽涉入汽車交通事故中，就避免用黑色的汽車。這句話在中國人耳中，是十分正常的表達，可能也聽不出中間的邏輯問題，他們的「因為」和「所以」是相互性的表達，不是因果關係的表達。但我們要很清楚知道哪個是因、哪個是果，汽車顏色和交通事故，根本不是因果關係，要避免給他們帶著走，免得在一些謬誤的邏輯中，尋找永遠找不到的答案。

6. 我相信世間的真理只有一個，但演繹真理的方法可以不同。方法不同，不代表對或錯，當大家碰到談判或者大範圍討論的時候，請多用包容的心，去接受他人有不同演繹真理的方法。我們堅持的是真理，靈活的是演繹真理的方法，即是說，任何一個人提出一個方案都是可以修改的，世界沒有完美的方案，只有一個大家可以接受的方案。

7. 多閱讀，或者可以去參考一些世界級企業家和領袖的影片，擴闊自己的視野，使腦筋更清晰，分析能力更強。這一點，在你口常工作中十分湊效，我碰到很多同事，都會是把結論作為目標，比如說，某某是個好人，他們會先決定了某某是好人或是壞人的立場，之後他們就把心目中好 / 壞人要做的行為，羅列出來證明，然後說這個人是好 / 壞人。既然前面已經先下了個定論，之後找出來的理由當然是支持的。當你帶領著大家都聚焦在「同一頁面」上的討論，自己要有強大的邏輯分析能力，能使溝通變得更有效、更暢順、更高效。

8. 在美國最頂尖的投資高手，大多都是「歷史系」的本科畢業生。雖然中國沒有這類的調查，但我相信在中國的也是差不多。歷史通常和故事串聯相關，我們讀歷史時都會用一些故事去展示歷史的過去，亦都把一些事跡用故事方式表達出來。所以讀歷史的人，一般都會「虛實俱備」，又理性又浪漫。和投資者溝通也要一樣。數據是重要的，但不會是唯一的追求，因為他們不是科學家，數據對他們來說，是一個參考，不是真理的所有。我提議大家多思考，情理兼備地透過一個動人故事去表達你的企業狀況，怎樣去「動之以情：你的故事引起的共鳴」，「說之有理：你企業憑甚麼能幫他賺取利潤」。

我提議大家多思考，情理兼備地透過一個動人故事去表達你的企業狀況，怎樣去「動之以情：你的故事引起的共鳴」，「說之有理：你企業憑甚麼能幫他賺取利潤」。

第5章 ／ 募資難？── 盲點1.3 投資人你看懂了嗎？

路演是和投資人溝通的第一步。企業家為項目募集資金參與一個專業場合，代表項目路演就是在講台上，向台下眾多的投資方，講解自己的企業產品、發展規劃及融資計劃。一個人只要開始創業並且假設他最後會走完創業所有流程獲得成功，就即表示他將面對種子輪、天使輪、A輪、B輪、上市前及上市時各輪融資，並將有產品發布會、產品展示等等路演活動。香港青年創業家應該視路演為一生人一次展示能力的機會，並好好把握。

前面提及第一步募資的「朋友及家人」圈，並不屬於專業的路演範圍內，因為「朋友及家人」都不是陌生人，他們同意給你投資的動機和原因，基本上和專業投資人是不同的。舉一個簡單的例子，專業投資人投資給你，基本上就是為了賺錢，你家人及朋友出資願意投資給你可能不是為了賺錢。路演時通常都是由公司的始創人代表上台演講，因為始創人才清楚了解公司的特性及未來發展的路向，最主要的是能講解始創人的夢想。當然，如果遇到專業技術上的問題，始創人當然最好只是作簡單的回答，更深入的技術分享當然是保密地由公司的技術總監回應。

路演過程中，所需要的個人技巧和能力，包括 PPT 要涵蓋的範圍、表達方式、製作水平、出席時的一切基本禮貌衣著和專業態度，以及事前的準備功夫該如何等，我在這裡不再一一說明。讀者隨便在圖書館都可以找到一些學習材料。我最關注的，不是外在的「功夫套路」，而是內在的功力到底有多厚，心法如何煉成。對於創業者而言，做好路演是創業的必修課。那麼，去做一場超級引人注目，令投資人無法抗拒，難以忘懷的專案路演的功力和心法是如何修煉？我簡單的提出下列幾點供大家參考。

操練可長可短的

募資路演

常常聽到別人引述「集中能力」的研究指出，兩個陌生人見面時，首 10 秒鐘已經建立了很多假設及印象。成年人一般的專注力大概是 15 至 30 分鐘左右，超過 30 分鐘已經喪失所有專注力了。路演時也一樣，能掌控時間節奏是路演一個非常重要的環節，如果你路演的時間短，效果反而會更好。

一個閃亮的創意，其實並不實在，除非你可以在路演的 PPT 上展示出來。當然，如果能夠更簡潔地表現，效率就會更高。所以，在講解路演 PPT 時，要掌握好節奏，不要急急忙忙收尾；如果你使用 PPT，在一張 PPT 上停留的時間，不要超過 3 分鐘。簡單地計算，合適的路演的 PPT 大概是 4 至 5 頁紙左右，而最好的路演時間，大概是 15 分鐘。如果投資人真的感興趣，他們會問問題。如果他們不感興趣，其實相當於你解救了他們。所以，各位青年創業家請留意，你要有一個能簡潔說明「募資」的故事，這個故事有不同長度的版本，有長達 3 小時或可以縮短至 10 分鐘的版本。要抱著沒有最好，只有更好的心態，常常操練，慢慢培養要有對著不同背景的聽眾，用不同的時間長度闡述的能力。

把路演變成是

講故事

強調地再說一次，路演的目的，就是著力去打動你的潛在投資人。請大家回想一下，你在小孩的階段，回幼稚園上課，絕大部分的時間都是在聽故事。聽故事這個學習，從小就在我們的基因裡面。你又再想想，出色的電影、動人的故事，往往都會賺人熱淚，引起共鳴。創業家的創業夢想、過程和抱負，都是需要投資者的共鳴才能生存。怎樣說故事去打動人，你先要有一個故事去打動自己，之後才有能力將故事重複一次去打動別人。我提議各位有機會便去參加一些路演活動，去聽聽別人路演，嘗試感受一下他們能否打動你，然後多思考，他們是怎樣打動你的？他們用了甚麼詞彙去打動你？這樣你便領略到講故事的技巧及重要性了。如果你沒有一個能打動別人的夢想，那就別去募資了，用時間和精力好好去想自己創業的初心是甚麼？創業的夢想是甚麼？想清楚了，才開始行動。

故事本身不單是因為有多豐富的想像內容才會吸引人，更重要的是故事背後的訊息（想要表達的價值觀），這個訊息才能引起投資人的共鳴。我們常常聽到，世界級企業的始創人，在演講時，都是在申述一些價值觀，而不是告訴大家賺的錢是怎樣算出來的，或者是怎樣做買賣去賺錢。我強烈推薦大家去搜索一下蘋果公司的 Steve Jobs 的演講，在不同場合的演講，都可以看到他賣的不是電腦等高級科技產品，而是在吸引擁有同樣價值觀的人去聚在一起，這個價值觀就是「think different」，在大家共同擁有的夢想及故事下，一齊做不一樣的事情。又或者是美國前總統奧巴馬的競選演說，把自己是黑人和白人混血兒的背景和美國價值觀串連成為自己 2008 年競選活動的口號「Change」，不是乞求選票，而是要美國變得更加和諧，人民生活得更有意義、更有尊嚴。結果成功打動了選民的心，引起了共鳴而贏得選舉。

講故事的方式，非常能夠抓住聽者的關注，這是得到引證的。此外，這種方式也能讓你的路演變得難忘。投資人其實並不喜歡估值、數位之類的，如果他們想要那些訊息，絕對可以不費吹灰之力就搞定。所以，在投資人面前，不要班門弄斧，你可以告訴他們自己的創業故事，每個人都喜歡聽好故事，即使是最看重數據的投資人也不例外。你的重點是要引起投資人的關注，獲取得他們的共鳴。

準確解釋

你的產品 / 服務

不要只給投資人「畫大餅」，要給他們展示一個實實在在的產品。哪怕你的產品可能是只是一個試驗品。請不要在路演的過程中自作聰明，因為你個人的聰明，比起路演時的投資人，總是會比下去的，不要把自己套在一個尷尬的角落裡，或者影響你的個人專業形象和公司誠信等。更應該小心注意路演 PPT 的資料和數據是否一致，不要犯上低級的錯誤。這裡要注意的是，不要過分解釋你產品的特性，投資人不是在超級市場採購用品，碰到好用又便宜的便會買，所以你不應該把自己變為一個銷售員，把投資人視為一個買家。你路演的內容，產品介紹最多只佔三分之一，即是一頁 PPT，你應該把重點放在另外的三份二上面。投資人最關心的，其實是你的產品如何能佔有市場，你產品或服務與眾不同之處，更希望你的公司估值每次都增長，為投資人帶來收益。

你的目標客戶

我在本書前面都簡單的提過募集資金的過程中四個基礎問題，現在就是把那四個問題總括在一個標題下，你的客戶在哪裡？你的客戶是怎樣找到的？他們的「demographic」（人口統計學中分類的特徵）是甚麼？你的產品滿足了客戶的甚麼要求？你客戶群的容量大概是多少？但最重要的是，你針對挑選的客戶，是用甚麼邏輯去挑選出來的。這些都要一一在你路演的資料裡羅列清楚，邏輯要精準無誤，沒有互相矛盾的地方。打個比喻，你的咖啡店企業是針對甚麼階級的顧客？你基於甚麼研究挑選這類客戶？一杯咖啡賣多少錢？你憑甚麼能賣到這個價格？你憑甚麼認為你心目中的階級顧客會購買你的咖啡？在這個價格當中你為客戶提供了甚麼東西等等。如果你真的不清楚或者想了解更多，我提議你去報讀 MBA 課程，深入了解市場學相關的最新知識。請不要浪費時間解釋你的銷售手段及策略，因為銷售手段及策略是可以按形勢而改變的，不變的就是你的初心和你的夢想。

一個無懈可擊的

營運模式

投資者對公司的營運模式會感到興趣,即是你的產品或服務怎樣到達客戶手上,你採取甚麼特別的手段,手段是否合理?成本是否合理?市場萬一有任何變化,對你公司有多少的影響?這些這些都是歸納在營運模式當中。請不要誤解,營運模式不是你的銷售策略!打個比喻,你公司是在生產某些產品,然後銷售給其他客戶,簡單來說,即是 B2B (Business to Business)。你生產、銷售、品牌管理等,都是你公司的營運目的,簡單來說,即是 B2C (Business to Customers)。這些不同就會有不同的成本及不同的專業隊伍要求。請好好的說明清楚,只有一個閃亮的產品,而沒有合理的營運概念及策略,這些在投資人眼中都是一個空話。

在你表達營運模式時,亦會提及公司增長的前景及動力,投資人會透過這些數據去了解你更多,了解你對市場的看法,市場增長的速度及空間,市場成功的相關條件是否合理或是你掌握多少。簡單的一個比喻,如果把一個很好玩的網上射擊遊戲,給三歲的小孩去玩,小孩根本不知道從何入手,樂趣在哪?基本上是浪費了這個好玩的網上遊戲。

解釋你的

收入模式

收入（上線）模式就是你公司的生存能力。簡單的說就是你每年能有多少收入，憑甚麼有這個數位的收入，收入再扣除其他成本，就是你的盈利能力了（下線），他們感興趣的就是這兩條線。他們現在把資本投進給你，你是用來支付營運所需或是用來償還債務？還是用來發展公司未來的業務？這兩者是在投資人眼中有很大差別。所以，這個收入模式，會直接影響他們預期退出時的收益。投入期愈長，即是要等到能推出的時間愈久。又或者是他們會比較同類型公司，來推算你的上下線是否合理，金額是否乎合預計水平之中。這個收入模式，和前文提到的市場空間、容量是有互相關聯的，創業者請好好把兩者關連表達出來。

告訴投資人

他們的「退出策略」

青年創業家通常都會希望自己創出來的企業細水流長，最好就能成為百年企業。企業希望賺的是銷售產品後取得的利潤，但是投資人不是這樣要求的，他們不會跟你長相廝守，終身到老。他們想在退出、出售股權時，公司的股權估值高於投資時，這個估值差額就是他們的利潤了。簡單來說，投資給你，就是讓你找一個幫他們賺錢的機會。實際上很多初創公司都會忽略這個問題，投資人關注的是在短時間內能賺到錢，但是「短時間」是多久呢？通常來說，5 年是個比較保險的時間範圍。之後你需要做的，就是告訴投資人如何在 5 年之內賺到錢。所謂的退出策略，就是未來你是否會上市？獲收購？還是授權連鎖？這些會讓投資人初步了解自己未來的退出時會帶來多少收益。

募集資金是困難的，絕對不是靠運氣的。募集資金的難純粹因為青年創業家還未預備好就去和投資者溝通，當然是高興而去失望而回。上面的幾個分享，就是我在多次的路演中發現投資人所關注的，但都未被青年創業家好好的透過路演展示出來。很想提醒各位青年創業家，路演不是在台上說完你想說的話，你應該是說出令投資人明白的話，能感動人的故事，能引起人共鳴的夢想。各位青年創業家，請記得一句話，台上 3 分鐘，台下 10 年功。熟能生巧，你在台上的表現，不應該是臨時「爆肚」的，按我的個人經驗，如果台上路演是 15 分鐘的話，創業家應該是用大概 3 天的時間去準備內容，然後應該是再練習 3 天，日夜操練，收放自如，才能成為一個「殺手級」的專業路演者。

當你準備進行融資談判時，應先制定一個計劃。明確你想要的核心是甚麼、理解那些條款、你可以讓步的底線，以及知道甚麼時候你會放棄。

第 6 章 ／ 募資難？——盲點 1.4 投資者 PPT，你真的懂用嗎？

青年創業家募集資金時，往往是通過路演去解釋你的企業值得投資之處。你要借助不同的道具幫助你去表達，這些道具我們通常稱之為「投資者PPT」。但是很多青年創業家往往都會搞得混亂，將產品介紹的PPT展示出來，解釋清楚便以為達到目的了。大家試想一下，產品介紹的PPT是給誰看的？是給你產品的用家決定購買你產品之前的一些資訊。然而，投資者絕對不會根據用家的角度去判斷你的企業。很多青年創業家，聽到這點便有一個懷疑，為甚麼投資人不是投在一家產品又便宜又好用的企業呢？因為每項投資都有一個期限，投資人不會跟你一起創造一個百年企業。他需要你在一個期限內，有一個爆發點，這樣才吸引，所以你的重點是放在3至5年後的業績，創造一個給他們推出的策略。不要把一般消費者那些又便宜又好用的要求，放在項目身上，或者割價大傾銷，像超級市場裡面的推廣員一樣，今日可以用特價來購買你的股權，這樣你便大錯特錯了。青年創業家不但要懂得創業，還要懂得利用簡單的工具，展示出你的企業的獨特性，還需要在短短的5至10分鐘引起台下投資人的興趣，因此簡潔、清晰、有力是製作路演PPT必須遵循的原則。

路演 PPT

必須闡述的三個內容

- 你們是誰？（團隊組成）
- 你們在幹甚麼？（需求痛點、解決方案、產品、商業模式）
- 為甚麼選擇你們？（市場前景、核心競爭力、運營數據等）

以上順序可以調整，但是這三項要素必須包含。

以下是撰寫路演 PPT 需要包含的要素，僅作參考，路演者可以根據具體的情況進行靈活調整。

PPT # 1

重點包括

企業名稱
公司 logo 和名稱，用一句話把專案說清楚，用最大的亮點引人入勝。

痛點（需求）與時機
內容：你發現了甚麼需求，目標使用者有哪些痛點？盡量營造真實的應用場景，引起投資人的共鳴。比如，你可以提問：「出門打車遇到過甚麼麻煩事 … … ？」、「為甚麼現在是進入的最好時機？比如說消費升級，私家車規模等。」

解決方案
內容：現狀的解決方案是甚麼？有哪些弊病？我的解決方案是甚麼？為甚麼好，好在哪裡？如果以前沒解決方案，也要說明為甚麼？憑甚麼你是第一個發現的？

市場規模
即是採購你的產品或服務可以解決用家哪方面的問題，能解決的層面愈深愈廣，收費自然愈高，這當然是很合理的一個推算。再加上總體市場到底有多少用家需要用你的產品或服務，一個市場的總規模便可以推算出來。然後，你採取合理的策略爭取一個合理的佔有率。這樣，投資者便能清楚了解你的潛力，在營銷策略上的大概方向。

PPT # 2

重點包括

產品服務、業務數據

內容：實打實的產品展示，突出產品的核心競爭力；把產品的特色，轉化為投資人的利益，如果沒有數據，則多談產品。

元素包括：

產品截圖，或視頻演示或實物演示。產品視頻或實物演示，能在眾多專案一起路演的活動中，格外吸引投資人有限的注意力。

目前專案的核心業務指標、業務數據。可以用大大的數字標示，曲線增長圖，市場佔領地圖，來充分激起投資人對你產品的激情。

競爭優勢

內容：務必說明自己的競爭優勢，盡量用表格圖說明自己的競爭策略，或對比市場競爭者對手的優勢。

商業模式

內容：商業模式的邏輯是否成立？參考商業模式畫布，梳理業務邏輯與客戶、使用者、合作伙伴之間的關係，以及說清楚怎麼賺錢。

PPT # 3

重點包括

團隊
內容：說明是志同道合、互信互補、與業務強契合的團隊；
創始 + CEO + 核心員工團隊，務必突出亮點。比如名校高材生、
名企高管、連續創業者、代表作、有獨佔資源如何能夠幫助專案更
好發展等等。

PPT # 4

重點包括

融資計劃
內容：公司估值多少，怎定出來？以甚麼方式分配股權，出讓百分
之幾股權，融資金額多少，主要用於哪方面。

PPT # 5

重點包括

結束
內容：最後一次強化你最大的亮點，比如項目願景以及個人聯繫方式等。

以上就是在撰寫路演 PPT 時需要包含的一些內容要素，不一定按照上面
順序進行撰寫，專案路演者可以根據自己的需要進行靈活調整。

如果你的路演成功，你會經歷一大堆會議、郵件、電話，還有更多的面談。你也可能會見到投資機構裡的其他成員。最後，你可能要在某個星期一給全體合伙人做一次融資演示，很多投資機構稱之為「星期一合伙人會議」。隨著進程的展開，你可能會繼續與投資機構一起探討合作機會，投資機構也可能會放慢與你交流的步伐。你要特別小心，那些對你的態度由熱變溫、逐漸轉涼，但從不直接說「不」的投資人。雖然有些投資人一旦喪失興趣就會直接拒絕，但也有很多投資人，不會直接說不。 這是因為他們找不到理由這樣做，而且還想保留選擇權，所以不會斷然拒絕一個專案；他們並不想讓創業者覺得受到了不禮貌或不尊重的對待。

如果某一間投資機構拒絕了你，無論是委婉地回絕，還是不回你郵件或電郵，你都要禮貌地要求他們給拒絕的原因。這是創業者能學到的最重要的一課，而且在融資的過程中尤為有用。尋求反饋，認真總結並從中吸取教訓。

選擇就是力量。如果有多間投資機構對你的公司感興趣，你就可以深入了解，該家機構的營運模式，發掘談判的有利條件，以便改善交易的條款。如果你要創造一個競爭的環境，至少需要為融資準備 6 個月的時間。如果你提前開始融資流程，沒有完成交易的緊迫感，你的潛在投資人也不會有這種感覺；如果你預留的時間不夠長，在公司把錢燒光之前，你沒有足夠的時間完成融資。完成融資的時間視窗期太短會導致很多投資機構直接放棄參與，因為他們沒有足夠時間評估你的公司。

如果你是一位 20 多歲的初次創業者，面對一位 40 多歲、經驗豐富的投資人，進行條款談判，你有甚麼優勢呢？人們在談判中，常犯的最大錯誤，就是缺乏準備。在我們看來，明明有那麼多工作可以做，人們還是盲目地

進入了談判，這簡直不可思議。這種行為，不僅在風險投資交易中發生，在各種談判中都會出現。很多人不做準備是因為他們不知道該準備甚麼。我現在提供一些思路，但青年創業家必需注意，關於如何談判的很多道理，其實你早就明白了。你們在每一天的日常生活中，都會進行很多次的談判，大多數人只是簡單去做，未見仔細考慮。當你準備進行融資談判時，應先制定一個計劃。明確你想要的核心是甚麼、理解那些條款、你可以讓步的底線，以及知道甚麼時候你會放棄。如果你想等到談判開始之後，再去解決這些問題，你的情緒肯定會影響你爭取現實的最大利益，令你容易你犯錯。

如果你提前了解對方，你就可以針對性地處理他們的優勢、劣勢、偏好、興趣以及不安，知識就是力量在這裡很適用。這也正是所謂的知己知彼，百戰百勝。但要記著，這種知識能夠幫你贏到先機，但並不意味著你就一定要這樣做，它只是起一個保護墊的作用，並在事情變得對你不利時，拿出來運用。

不同程度的投資相關問題，當中不乏是募資過程中的一些挫折，所以，我認同募資是困難的。但是我更相信「辦法總比困難多」，一切的難處都應該是可以「管理的」。

第 7 章

／

給香港創業家的寄語：自強不息，厚德載物

借一句經典的話去啟發香港的青年創業家，《六經》之首的《周易》裡的著名兩卦：「天行健，君子以自強不息，地勢坤，君子以厚德載物」。這句話，在不同人的不同閱歷有不同的理解，我不在這裡多加說明，希望各青年創業家自己去體會及了解中國傳統文化的深厚內涵。簡單的說，這個道理很深奧：一個有深厚品德的人，才能成為棟樑；一個自強的人，做事才能成功！作為一間基金管理公司的合伙人，我遇到過大大小小，不同程度的投資相關問題，當中不乏是募資過程中的一些挫折，所以，我認同募資是困難的。但是我更相信「辦法總比困難多」，一切的難處都應該是可以「管理的」（manageable）。香港的青年創業家，是否成功創辦公司並能募集資金，就完成所有工作？在我碰過的大大小小不同的創業家中，我發現所有創業家，都有一個特色，他們不停問自己，我可以做得更好嗎？就是這個問題促使創業家不斷的改變、不斷的革新、不斷的研發、不斷的勇往直前，向目標向成功進發。

不論你是初創階段或是準備 IPO 上市的企業，創業家都是面對著一大堆陌生的投資人，青年創業家假如只是不斷地重複自己的「過人之處」，或者是對企業作出無限可能的犧牲，或更甚者是把自己想說的話草率說完，這都是不足夠的。「成功的溝通」是需要學習的。香港青年創業家一般認為募集資金困難，是因為每當全情投入後，投資者都不為所動，完全不清楚自己還可以再做甚麼，不知道還有甚麼出路，一臉茫然。創業家往往將重點都放在結果，失敗多次後，便作出一個簡單的結論，募集資金很困難啊！沒有關注失敗的原因和溝通過程。創業本身就是一件很困難的事，更何況要募集資金，要投資人給你幾千萬資本的信任，不應該也不會是簡單的幾句話就可以輕易做到的。香港青年創業家，你在募集資金時，你有清楚表達到你的「自強不息，厚德載物」的品格嗎？你的投資人有聽懂嗎？他們有認可和信任你的品格嗎？請各創業家重新整理你創業的初心，請用「橫渠四句」的氣質來表示你企業的優勢，來見投資人，來吸引投資人目光的關注。

募資是困難的，但難在哪裡？大家應該知道問題所在才能對症下藥。先和大家分享一下，以下的統計，專業的投資機構如果收到 100 個路演項目，初步分析研究和辯証後，決定可以跟進的大概只有 5%，這 5 個項目當中，經過首輪研究及和創業者溝通之後，投資部會作出詳細的分析報告和建議給投資委員會，投票通過後，才會作出投資的建議，之後再和創業家溝通，最後訂立投資協議，最後可能只得不足 3 個項目會立案決定投資。

那麼剩餘下來的不被接納的 95% 是甚麼原因落選？原因各有不同，但是，我相信其中超過一半的原因是因為創業家還未懂得怎樣去被做路演，怎樣去和投資者溝通。投資者搞不清為甚麼要投資給你這個項目，當然就是拒絕你了。上面提到粵港澳大灣區的未來，這是青年創業家的一個良好機遇，過程中當然會遇到各類碰撞，要彎道超車，將是給青年創業家另一個很大的挑戰。我前面的一些分析及提議都是為青年創業家提供的一些參考，意圖嘗試把青年創業家從被拒絕的 95% 當中，拯救過來，跳進那 5% 的值得跟進項目中。這 5% 的青年創業家真的要再把握機會，排除萬難，再經幾番談判之後，才能走到最後得到投資人的垂青。

募資是困難的。希望當香港青年創業家細閱完本書後，他們會更清楚知道難處在哪裡，我覺得絕大部分的原因，是因為創業家自己從來都沒有做足 120% 的預備工作，山不轉路轉，路不轉人轉，沒有在失敗之後吸取教訓，仍然閉著眼睛向前衝，然後碰壁而回。香港青年創業家先要抱著「橫渠四句」話去定立你的創業願景及初心，要打動別人去支持你，再要抱著自強不息、厚德載物的態度，從而調整未來的策略（要彎道超車），要清楚知道，現在及將來要面對的粵港澳大灣區投資者和你有不同之處，如何因而作出適當的調整，去掃除募資路上的盲點。

人和人之間，能力之差異，在工作的時段內我覺得是不太明顯或能量化的，有人會有某一種優勝的能力，其他人則有其他優勝的表現。我覺人和人之差異，是在公餘之後，怎樣利用時間，各創業家之間的不同，是他們有沒有用在公餘時間，靜下來作更多的思考，願花更多的時間去學習，檢討成功失敗的經歷，這才是直接影響他們在募集資金中成功與否的重要因素，這是募資難的根源，也是香港青年創業家的一個盲點。

～香港現在的及未來的青年創業家，共勉之～

公司合伙人之一 Jessie 和我一起坐在 Money Café，她也愛喝咖啡。
我們剛下飛機回到 Money Café 總結北京出差的工作。Herbert 送上
Spenser 引以為傲的印尼雌雄豆貓屎咖啡，並說阿天今日告病假了，阿天
的女兒雪雪從 Greg 記帶來的 23 個牛角包也剛剛賣完。Herbert 今天的
話比平常多了 15%。我感覺到他的話重點在病假，不在牛角包。春春在
設計新海報。

在北京時，芬蘭的合伙人 Peter 和我們一起去交流一個意向並購項目——
一間有 150 年歷史的北歐醫療生產設備公司想和中國某國企合併的計
劃。事後我心裡有些猶豫，帶著一點愧疚。事源在北京，在約定的當天，
Peter 一直在更改和國企見面的開會時間，從早上改到晚上，從辦公室改
到晚餐地點。合併投資規模雖然只是約 4 億人民幣，但我總是覺得安排不
夠專業。最後，我們 6 點到達一間火鍋店見面，我們一行 4 人（加上對方
的總經理 Stephen）吃飯。

在從東面走到西面並要貫穿市中心的路上，道路繁忙，我們三人困在車
裡。我的心裡有些說話不吐不快。

我：Why do we go hot-pot dinner along with a deal and spending
1.5 hours on the road?（為甚麼我們要約在火鍋店開會？還花了個半小時
在交通。）

Peter：I like hot-pot in Beijing.（因為我喜歡北京的火鍋啊！）

我的心一沉。

我：Is it too casual since this is the first meet up, how could we
talk and hot-pot at the same time? Is it too noisy, too? This is a

400 million deal man.（火鍋店很嘈雜，難以一邊吃火鍋一邊開會，對第一次會面而言也不夠體面，始終也是一個 4 億的項目啊。）

Peter: Don't worry. Stephen is a good friend.（不用擔心，Stephen 跟我是好朋友了。）

我：Can we change to a more quiet place now?（不如我們找一個安靜的地方？）

Peter: Not possible!（不用吧！）

我嚴厲和他再說：Man, you have changed this meet up several times already today, I think you are too naive, how could we close a 400 million deal over a hot-pot dinner, maybe you can do it, but, I don't think I could! This is unprofessional! Absolutely a boy-scout type game plan!（其實這個會面你已經三番四次地更改時間，你是不是想得太簡單？一餐火鍋怎能讓我們成功談到這單 4 億的生意？或者你有這種『才華』，我卻不敢恭維了，實在太兒戲了！）

車內頓時鴉雀無聲，我們三人不語。

見面期間，大家深入地交流到晚上 11 點，會議也涉及各方需求和關注點，但和達成協議還有一段漫長的路，長到我見不到盡頭。我覺得浪費了開會的時間和合作的機會，因為會面場地設計不理想。回到酒店，我和 Peter 喝一杯，更加嚴厲地指出他今天的安排不夠專業，差不多吵起來，當時氣

氛實在不舒服。回到房間，我反省一下，打開手上的書，看到一句，我心一沉，直衝我的頭頂。我把書合上，倒頭便睡了。

第二天早餐時，我對 Peter 說，「I am sorry about yesterday, it is not because I was wrong yelling at you; but, to tell you, I just read a book and found: you don't need to be always right, you need to be always kind. I promise you I will be more kind to you and to others from now on!（我想和你說對不起，但不是為我昨晚態度不好而道歉，而是我看了本書，明白到不一定要一直堅持己見，更重要是體諒他人，所以日後我會嘗試學習互相體諒。）」

他瞄了我一眼，喝了一口咖啡，跟我說，「No worries!（不要緊！）」Jessie 笑了出來和對我說：「你們真是好朋友啊！朋友間最重要是溝通，雖然這個項目目前不能馬上展開，但我覺得這個項目已經在我們手上，等待著合適的時機吧」。

在回港的航班上，我閉上眼睛問自己，甚麼是對？甚麼是有效率？甚麼事最重要？先學做人，才去辦事，這句話真的一點沒錯。香港創業的年輕人，你學會做人嗎？你有制訂好公司的目標和願景作為你前行的定海神針嗎？「自強不息，厚德載物」這些思想，你會相信嗎？

後記

認識香港青年協會鄧先生快要是半個世紀了，他是我中學同班同學，也是籃球隊隊友。期間我都接受過鄧先生的邀請，出席不同活動，這些都是我能接觸青年的好機會。在香港，不知道是否因青年的生活空間，變得愈來愈狹小，引致他們的思維和思考空間不足，往往忽略很多要點，我本著香港精神，提點他們及幫助他們擴大思維和眼光。又因工作關係，經常接觸到內地及海外的青年創業家，慢慢地我察覺到，這些青年的分別，不是能力上的差異，而是心態上的不同。要轉變心態，先從思想入手。思想促使人行動，行動產生後果，後果又影響心態。這個「結」的解開，必須從多閱讀、多理解開始，青年創業家必須多親身體會，互相學習，多交流多互動。我相信香港青年協會已經在這幾個層面上做了大量的工作，日後有其他仟務需要我，我仍鼎力支持！

因工作關係，需要在 2021 年 7 月從香港回內地辦事，估計需要停在中國境內 4 至 6 星期，因為疫情的關係，基本上出行已經是很不容易的，還要在工作前要酒店隔離最少 21 天，我一直在盤算這段隔離的日子該如何渡過？是不是每天都吃喝玩樂，看電影打遊戲？在我志忐的時候，鄧 sir 突然之間給我這個任務，解決我隔離期間的惆悵，他邀請我和青年分享一下我在投資工作中相關的心得，服務香港的青年創業家。我覺得這個工作十分新鮮和很有意義，挑戰性也極高。我用了兩天的時間思考及整理相關資料，馬上便帶著電腦，拖著一個大行李箱，按檢疫規定，便帶著興奮及緊張的心情來到深圳迎接一個新挑戰。決定答應鄧 sir 開始寫作，可以說是天時地利人和不缺，事事可成。

隔離的這 21 天裡，我作息時間一切如常，自律性甚高，時間過得很快並且很充實。因為我事前預備功夫做得到位，加上一個人獨處，對著四面牆，容易引起思潮起伏，創作靈感豐富，思考比較敏捷，時間及節奏控制得乾

淨俐落。工作和編寫這書都安排得妥，頗得心應手。有這種效果，皆因是我清楚知道「隔離」這件事我有很多「盲點」（在第 14 天退房時才知道是 21 天，原來隔離抗疫應理解為 21 天 ≠ 14+7 天，內有乾坤，心情大受打擊），我事前不斷的思考及制訂工作目標，努力堅持，當然就不會浪費這 21 天的光景。在結束隔離之時，剛正是本書寫作完成之日。

書中所指出的「盲點」，不是青年創業家做得不足，做得不夠好。我覺得真正的意思是青年創業家往往因為就是年輕，雄心壯志，勇往直前，義無反顧，但經驗尚淺，容易迷失，總有些地方忽略，只看重結果而忽略了原因和過程，往往這個被忽略的點子上就是成敗得失的關鍵。青年創業家的「盲點」不只一個，例如團隊如何建立、領導能力的培養和創新的公司戰略等等，我希望可以在不同的渠道上和香港的青年創業家再逐一分享經驗，互相學習，一起繼續成長，為香港的未來作出更有特色的貢獻。

時為奧林匹克東京運動會 2020 會期，其中的男子羽毛球單打冠軍丹麥的安賽龍，為了多了解中國對手的情況，方便部處戰術及訓練，他也學了普通話，何況是香港年輕創業家呢？今屆奧林匹克東京運動會的口號是「Faster, Higher, Stronger, Together!」，就請青年企業家，保持著本屆奧運會的運動精神，馬上去「掃盲」吧！

參考資料

1. Brad Feld, Jason Mendelson (2016). "Venture Deals: Be smarter than your lawyer and venture capitalist". USA: John Wiley & Sons.
2. Stephen R Covey (1990). "7 Habits of Highly Effective People". USA: Free Press.
3. 人民網（2015）。〈李彥宏馬化騰激辯「風口論」〉。取自：http://it.people.com.cn/BIG5/n/2015/0323/c1009-26733041.html。
4. 中央人民政府駐香港特別行政區聯絡辦公室（2021）。〈粵港澳大灣區，你了解嗎？〉。取自：http://www.locpg.gov.cn/jsdt/2021-04/17/c_1211114813.htm。
5. 中國大百科全書出版社（1993）。《中國大百科全書》。中國：中國大百科全書出版社。
6. 中華人民共和國國務院（2019）。《粵港澳大灣區發展計劃綱要》。
   取自：https://www.bayarea.gov.hk。
7. 央視網（2018）。〈發力「中國硅谷」粵港澳大灣區潛力有多大？〉。
   取自：http://news.cctv.com/2018/04/11/ARTIbLEpT7VuKQyD8UbmGR6V180411.shtml。
8. 百度（2020）。〈投中 2020 年度粵港澳大灣區榜單發布〉。
   取自：https://baijiahao.baidu.com/s?id=1686607586775523394&wfr=spider&for=pc。
9. 百度文庫（無日期）。〈盤點中國政府產業引導基金（附國家級政府引導基金簡介）〉。
   取自：https://wenku.baidu.com/view/d592236b2d3f5727a5e9856a561252d380eb209a.html。
10. 宋懷常（2010）。《中國人的思維危機》。中國：天津人民出版社。
11. 投中網（2020）。2020 年度粵港澳大灣區最佳早期創業投資機構 Top10。
    取自：https://www.chinaventure.com.cn/rank/163/2362.html。
12. 每日頭條（2016）。〈港媒：內地和香港企業家年輕人比例超全球平均值〉。
    取自：https://kknews.cc/finance/e9vn2n4.html。
13. 阿里巴巴創業者基金（2018）。〈報告 2018〉。
    取自：https://www.ent-fund.org/sc/joint-study2018。
14. 香港大學（2018）。〈第 199 屆學位頒授典禮馬雲致謝辭〉。
    取自：https://www4.hku.hk/hongrads/tc/speeches/dr-jack-ma-jack-ma-yun。
15. 香港特別行政區（2010）。《香港年報 2010 年》〈香港歷史檔案館 2004 年香港的初期發展〉。香港特別行政區。取自：https://www.yearbook.gov.hk。
16. 香港貿易發展局（2014）。〈夢想起飛開創新機──2014 年香港青年創業報告概要〉。
    取自：https://secure.hkmb.hktdc.com/tc/1X09XC6U/ 經貿研究 / 夢想起飛 - 開創新機 -2014 年香港青年創業報告 - 概要。
17. 清華五道口（2014）。〈風險投資背景與公司 IPO：市場表現與內在機理〉。
    取自：http://www.pbcsf.tsinghua.edu.cn。
18. 陳志武（2010）。《為甚麼中國人勤勞而不富有》。中國：中信出版社。
19. 新浪財經（2021）。〈2021 年私募總規模達 19.76 萬億證券私募基金增長最迅猛〉。
    取自：https://finance.sina.com.cn/money/fund/jjyj/2022-01-15/doc-ikyamrmz5286743.shtml。
20. 騰訊網（2020）。〈沈南鵬自述：我投資成功的三個因素〉。
    取自：https://new.qq.com/omn/20200430/20200430A0AODW00.html。